SERIES TEMPORALES Y PREVISIONES

M. Albareda

I. Algaba

M. Pepió

Laboratori d'Estadística
ETSEIAT – UPC

Series temporales y previsiones

1a Edición: ©2013 OmniaScience (Omnia Publisher SL)
© Maria Albareda, Inés Algaba, Montserrat Pepió, 2013
Primera edición: marzo 2013

Laboratori d'Estadística
C/ Colom 11, 08222 Terrassa

DOI: http://dx.doi.org/10.3926/oss.10
ISBN: 978-84-940624-6-9
DL: B-8638-2013
Diseño cubierta: OmniaScience
Fotografía cubierta: © M.studio - Fotolia.com

Impreso por CreateSpace

Índice

Presentación

Los contenidos de este libro están dirigidos a dar soporte a estudiantes de asignaturas de Estadística impartidas en escuelas de Ingeniería (ETSEIAT-UPC) y profesionales que precisen de conocimientos avanzados de Estadística que incluyan análisis de series temporales.

El análisis de series temporales abarca un conjunto de técnicas estadísticas encaminadas al estudio y modelización del comportamiento de un fenómeno que evoluciona con el tiempo y, además, permite realizar previsiones de los valores que se pueden alcanzar en un futuro.

En este libro, después de desarrollar algunas de las técnicas de modelización y previsión, se presentan diversos casos de aplicación de las mismas con datos reales y una colección de 65 problemas resueltos detalladamente.

Maria Albareda Sambola

Doctora en Matemáticas
Profesora Agregada, ETSEIAT (UPC)

Inés. M. Algaba Joaquín

Doctora Ingeniero Industrial
Profesora Agregada, ETSEIAT (UPC)

Montserrat Pepió Viñals

Doctora Ingeniero Industrial
Catedrática de Universidad, ETSEIAT (UPC)

Capítulo 1

Introduccción: Conceptos básicos

Una serie temporal es un conjunto de observaciones ordenadas en el tiempo que representan la evolución de un fenómeno o variable a lo largo de él. Esta variable puede ser económica (ventas de una empresa, consumo de cierto producto, evolución de los tipos de interés, ...), física (evolución del caudal de un río, de la temperatura de una región, etc) o social (número de habitantes de un país, número de alumnos matriculados en ciertos estudios, votos a un partido, ...).

El objetivo del análisis de una serie temporal, de la que se dispone de datos recogidos en períodos regulares de tiempo, es el conocimiento de su patrón de comportamiento para prever la evolución futura. Estas previsiones sólo se podrán realizar dentro de un período de tiempo en el que, en base al análisis de los datos disponibles, se pueda suponer que las condiciones no cambiarán respecto a las actuales y pasadas.

Si al conocer la evolución de la serie en el pasado se pudiese predecir su comportamiento futuro sin ningún tipo de error, estaríamos frente a un fenómeno determinista cuyo estudio no tiene ningún interés especial. Esto sería la situación de la Fig. 1.1., que muestra la intensidad de corriente, I, que circula a través de una resistencia, R, sometida a un voltaje sinusoidal: $V(t) = a \cos(vt + \theta)$; por tanto, $I(t) = a \cos(vt + \theta)/R$.

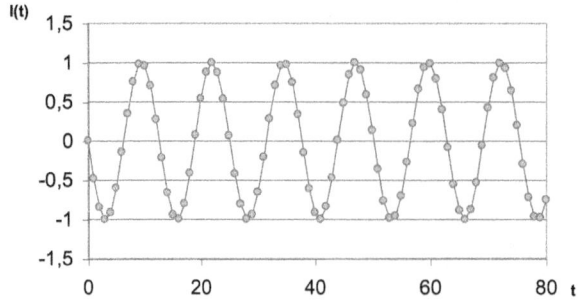

Fig. 1.1. Observaciones de la serie I(t) = cos (0,5t + π/2)

En general, las series de interés llevan asociados fenómenos aleatorios, de forma que el estudio de su comportamiento pasado sólo permite acercarse a la estructura o modelo probabilístico para la predicción del futuro. Estos modelos se denominan también procesos estocásticos. Un proceso estocástico es una sucesión de variables aleatorias $\{Y_t\}$, con t = 1, 2, ..., n, que evolucionan con el tiempo representado por el subíndice t.

Una serie temporal o cronológica es un conjunto de n datos de un proceso estocástico. Estos datos corresponden a n muestras de tamaño unidad extraídas de las poblaciones (variables aleatorias) asociadas a cada uno de los tiempos en que se realizaron las mediciones.

Como ejemplo puede servir la evolución a lo largo de un año del índice IBEX35, que recoge los 35 valores de mayor cotización de la bolsa española, representado en la Fig. 1.2.

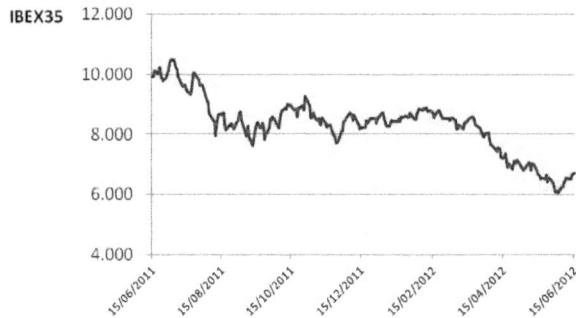

Fig. 1.2. Evolución del índice IBEX35

Lógicamente, el valor del IBEX35 dependerá del valor alcanzado en los días previos, además de recoger la influencia de un conjunto de factores sociales, políticos, económicos, etc. que cambian continuamente a lo largo del tiempo, y cuya conjunción, en un determinado instante, configuraría una hipotética distribución de probabilidad del citado índice económico.

En casos como este, es evidente que puede obtenerse un modelo que explique razonablemente bien el comportamiento de la serie en el período estudiado, pero puede ser muy arriesgada la utilización de este modelo para hacer previsiones a medio o largo plazo. Así, en todas las series cronológicas, es necesaria una gran cautela en la previsión a causa de la muy probable inestabilidad del modelo en un futuro más o menos alejado del último instante del que se conocen datos.

Otro ejemplo puede ser el constituido por la sucesión de variables aleatorias $\{Y_1, ..., Y_t, ...\}$, tales que $Y_t = k\, Y_{t-1} + E_t$, con $Y_0 = 0$ y $E_t \sim N(0; 1)$ independientes para todo t.

Esta serie puede expresarse también como $Y_t = \sum_{i=1}^{t} k^{t-i}\, \varepsilon_i$, y la distribución de probabilidad de Y_t,

para todo t, es Normal con esperanza matemática nula y variancia $V(Y_t) = \sum_{i=1}^{t} k^{2(t-i)} = \dfrac{1 - k^{2t}}{1 - k^2}$.

La Fig. 1.3. muestra la ley de probabilidad de la variable Y_t, para k = 0,75, en los instantes t = 1, 5 y 20, junto con la serie cronológica compuesta por las 25 primeras observaciones de una serie de estas características.

La particular forma de la información disponible de una serie cronológica, n muestras unitarias procedentes de otras tantas poblaciones de distribución y características desconocidas y no siempre independientes, hacen que las técnicas de inferencia estadística, usualmente aplicadas en muestras de tamaño superior a la unidad, no sean válidas para estos casos.

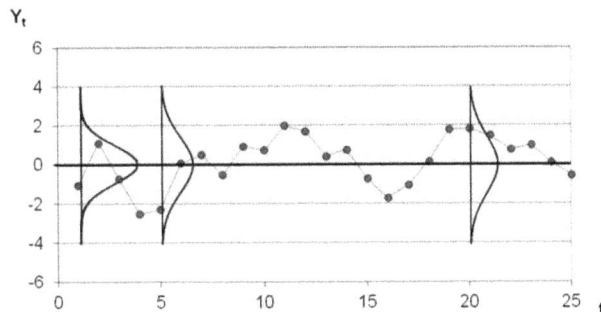

Fig. 1.3. Distribución de Y_t y 25 observaciones de la serie $Y_t=0,75Y_{t-1} + \varepsilon_t$

Todas las formas de estudio de una serie cronológica, tal como se irá viendo, no conllevan cálculos complicados, pero sí reiterativos, con gran volumen de datos manipulados y con abundancia de gráficos. Así, para su estudio se hace muy necesario el disponer de un programa informático, tipo hoja de cálculo, que permita su correcta aplicación y la obtención de cuantos gráficos sean necesarios.

Antes de abordar cualquier estudio analítico de una serie temporal, se impone una representación gráfica de la misma y la observación detenida de su aspecto evolutivo.

Para estudiar el comportamiento de cualquier serie temporal, y predecir los valores que puede tomar en un futuro, existen distintas metodologías como modelización por componentes, método por variables categóricas, suavizado exponencial y enfoque Box-Jenkins.

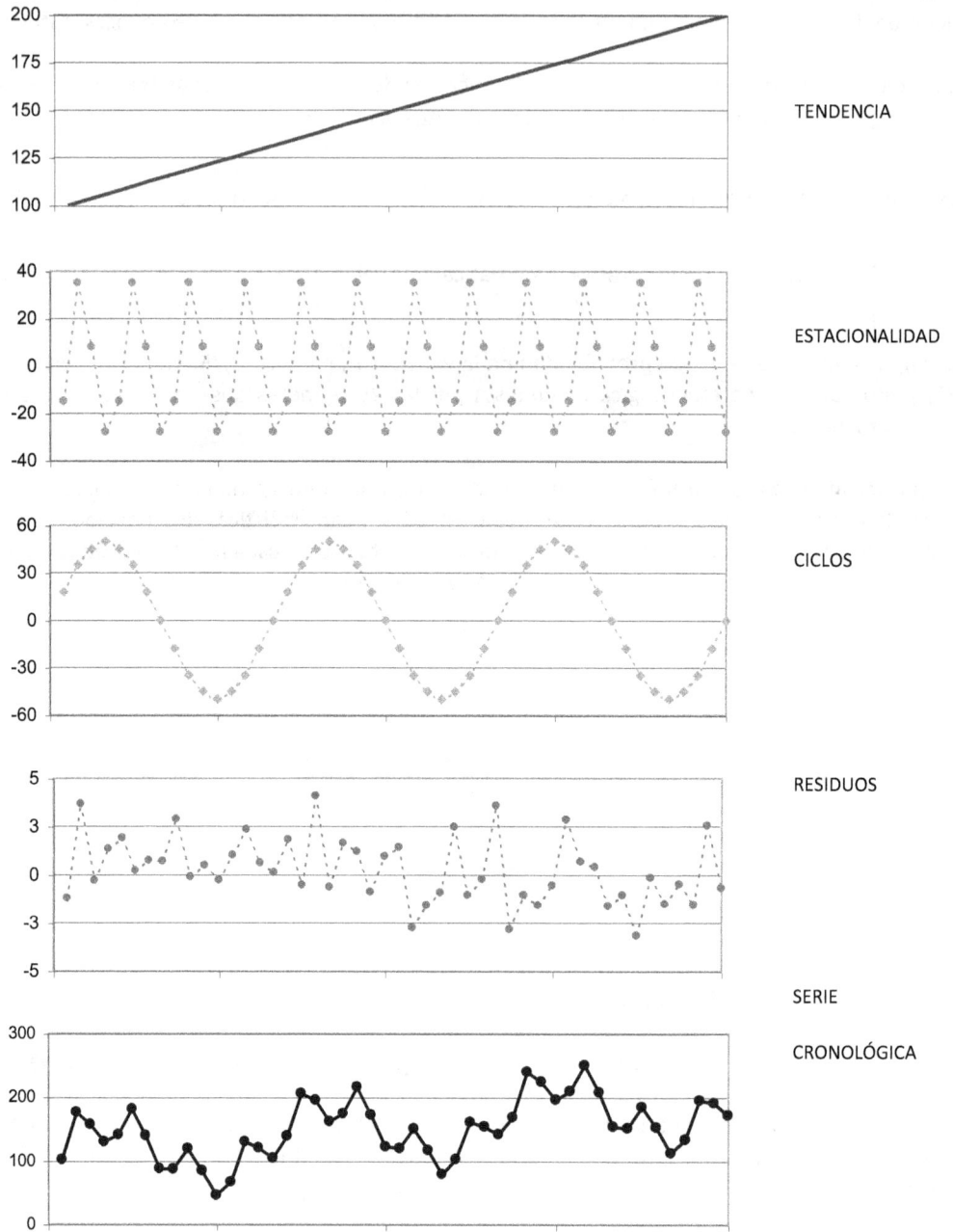

Fig. 1.4. Componentes de una serie cronológica aditiva

El sistema de modelización por componentes consiste en identificar en la serie Y_t, cuatro componentes teóricas, que no tienen porqué existir todas, y que son:

- o Tendencia: T_t.
- o Estacionalidad: E_t.
- o Ciclos: C_t.
- o Residuos: R_t.

Cada componente es una función del tiempo y el análisis consistirá en la separación y obtención de cada una, así como en determinar de qué forma se conjugan para dar lugar a la serie original. Estas componentes se pueden observar en la Fig. 1.4., en donde se ha considerado que actúan de forma aditiva para dar lugar a la serie cronológica.

La tendencia es la componente general a largo plazo y se suele expresar como una función del tiempo de tipo polinómico, por ejemplo:

$$T_t = \alpha_0 + \alpha_1 t + \alpha_2 t^2 + \ldots$$

Las variaciones estacionales son oscilaciones que se producen, y repiten, en períodos de tiempo cortos. Pueden estar asociadas a factores dinámicos, por ejemplo la ocupación hotelera, la venta de prendas de vestir, de juguetes, etc. cuya evolución está claramente ligada a la estacionalidad climática, vacacional, publicitaria, etc.

Las variaciones cíclicas se producen a largo plazo y suelen ir ligadas a etapas de prosperidad o recesión económica o a ciclos climáticos. Suelen ser tanto más difíciles de identificar cuanto más largo sea su período, debido, fundamentalmente, a que el tiempo de recogida de información no aporta suficientes datos, por lo que a veces quedarán confundidas con las otras componentes, o sugerirán un cambio de comportamiento de la serie a partir de un cierto tiempo.

La componente residual es la que recoge la aportación aleatoria de cualquier fenómeno sujeto al azar.

Para modelizar las distintas componentes se utilizan técnicas estadísticas tales como regresión, medias móviles, suavizado exponencial, etc.

Admitiendo que el componente aleatorio (residuo) es aditivo, una vez identificadas las otras componentes surge un nuevo problema que es el decidir cómo conjuntar tendencia, estacionalidad y ciclos para dar lugar al modelo definitivo de la serie. La forma y/o la necesidad de decidir *a priori* dicha conjunción dependen en gran medida de la *metodología de modelización* utilizada y por ello se expondrá en los capítulos siguientes.

Partiendo de la premisa de que no siempre va a ser posible identificar los componentes de la serie, la metodología de Box-Jenkins trata de estudiar el componente aleatorio puro, reflejado en la serie estacionaria obtenida desprendiendo a la serie original de su tendencia y su estacionalidad. La forma de encarar el análisis de las series temporales a través de esta metodología es dirigir el esfuerzo a determinar cuál es el modelo probabilístico que rige el comportamiento del fenómeno a lo largo del tiempo.

La metodología estadística utilizada en el estudio de una serie temporal, por este sistema, se basa en los siguientes pasos:

o   Selección del modelo más adecuado entre un conjunto de modelos existentes.

o   Estimación de los parámetros.

o   Validación de los supuestos admitidos en el análisis, también llamado diagnosis del modelo.

Para poder abordar esta metodología es imprescindible, en primer lugar, estudiar un conjunto de modelos de comportamiento que cubran el mayor espectro posible de los procesos estocásticos objeto de nuestro interés, entre ellos se pueden destacar los procesos de ruido blanco, medias móviles (MA), autorregresivos (AR), integrados (I) y sus conjunciones (ARMA y ARIMA). A partir de aquí se podrá identificar la serie de datos con alguno de los modelos estudiados, estimar sus parámetros y validar la admisibilidad del modelo adoptado.

En general, se suele asumir que el componente aleatorio sigue una distribución Normal de media cero y variancia σ^2, el cual se representa por Z. Un proceso estocástico en que todos sus componentes son independientes y están constituidos sólo por componente aleatorio se denomina proceso de ruido blanco, es decir, $Y_t = Z_t$ con $Z_t \sim N(0; \sigma^2)$ para todo t, independientes.

Un proceso se denomina de media móvil de orden q, y se representa por MA(q) si su estructura es del tipo $Y_t = Z_t + \alpha_{t-1} Z_{t-1} + ... + \alpha_{t-q} Z_{t-q}$. En la Fig. 1.5 se muestra un MA(4).

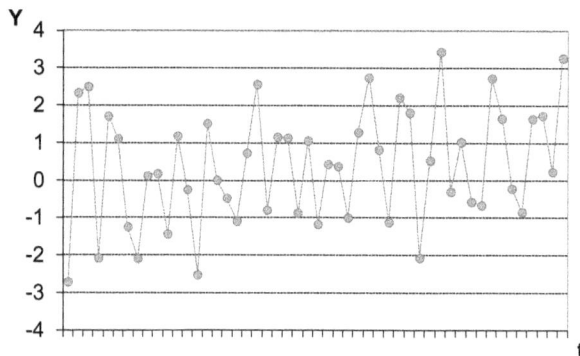

Fig. 1.5. Proceso de media móvil MA(4)

Un proceso es autorregresivo de orden p, y se representa por AR(p) cuando cada componente es función de los anteriores más el término aleatorio.

Su estructura corresponde a $Y_t = Z_t + \beta_{t-1} Y_{t-1} + ... + \beta_{t-p} Y_{t-p}$

En la Fig. 1.6. se muestra un AR(2).

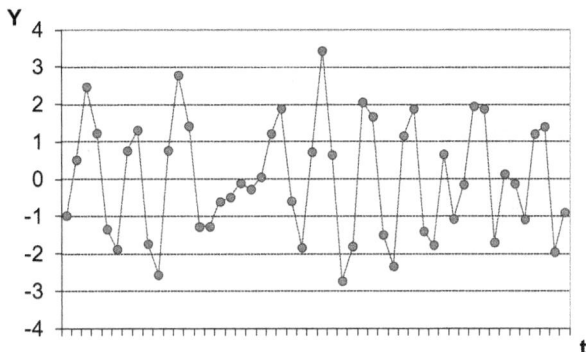

Fig. 1.6. Proceso autorregresivo AR(2)

Cuando a las estructuras de autorregresión y media móvil se une una dependencia con el tiempo se llega a un ARIMA(p, r, q), donde p es el orden de la estructura AR, q el de la MA y r el del proceso integrado, o lo que es lo mismo, el grado del polinomio que representa la función del tiempo. En la Fig. 1.7. se presenta un proceso ARIMA(2,1,3).

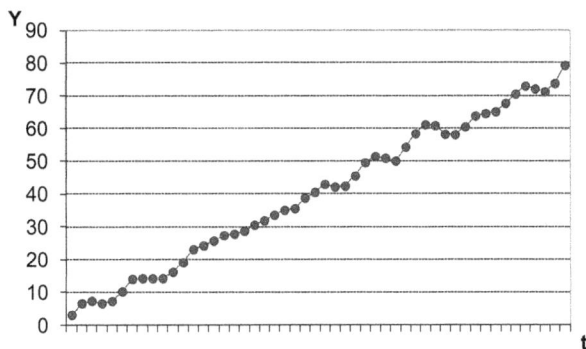

Fig. 1.7. Proceso ARIMA(2,1,3)

En los capítulos siguientes, se presentan, de forma simple, distintos criterios metodológicos que permiten el estudio de estos fenómenos, y en particular la previsión de su evolución futura, para aplicarlos a campos técnicos y económicos, como por ejemplo previsión de las ventas de una empresa, de los usuarios de un medio de transporte, de la característica de interés de un proceso continuo, etc.

Capítulo 2

Descomposición clásica de una serie

Además de identificar y modelar los componentes no residuales de una serie hay que decidir la forma cómo se conjugan entre sí para dar lugar a la situación estudiada. Así se proponen, entre otros, modelos genéricamente denominados aditivos y multiplicativos.

Modelo aditivo: $\hat{Y} = T + E + C; Y = \hat{Y} + R$

Modelo multiplicativo: $\hat{Y} = T \cdot E \cdot C;\ Y = \hat{Y} + R$

Para una primera identificación visual, se puede considerar que si el patrón estacional se mantiene con amplitud constante se trata de modelo aditivo, Fig. 2.1.(a) y si dicho patrón se va amplificando a medida que la serie toma valores mayores puede ser multiplicativo, Fig. 2.1.(b)

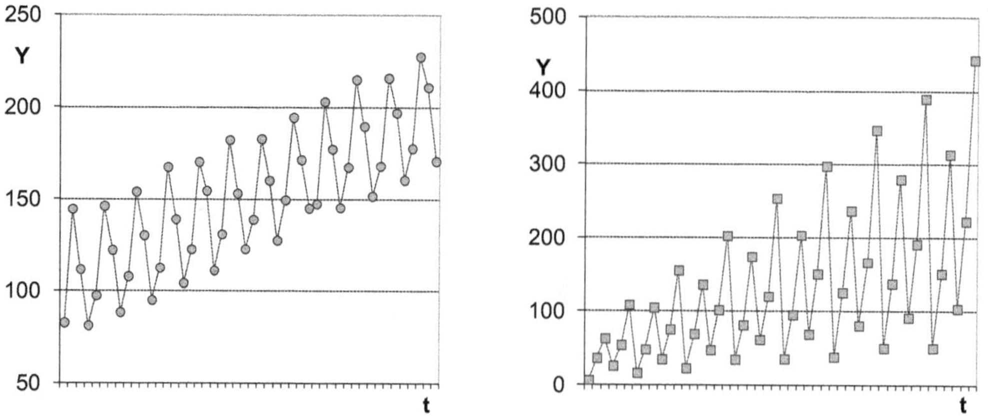

(a)   (b)

Fig. 2.1. Ejemplos de serie aditiva (a) y multiplicativa (b)

Un modelo aditivo se puede interpretar como aquel en que la estacionalidad actúa modificando la ordenada en el origen de la tendencia.

Supongamos que no hay ciclos, que la tendencia es de tipo lineal, $T_t = \alpha_0 + \alpha_1 t$, y que la estacionalidad es de período $p = 4$, es decir, cada 4 unidades de tiempo se repite el patrón tal como ocurre en las Fig. 1.4 y 2.1(a). Representando los valores de la estacionalidad por E_1, E_2, E_3 y E_4, respectivamente, el modelo aditivo se puede escribir como:

$$\hat{Y}_1 = \alpha_0 + \alpha_1 \cdot 1 + E_1 + R_1 = (\alpha_0 + E_1) + \alpha_1 \cdot 1 + R_1$$

$$\hat{Y}_2 = \alpha_0 + \alpha_1 \cdot 2 + E_2 + R_2 = (\alpha_0 + E_2) + \alpha_1 \cdot 2 + R_2$$

$$\hat{Y}_3 = \alpha_0 + \alpha_1 \cdot 3 + E_3 + R_3 = (\alpha_0 + E_3) + \alpha_1 \cdot 3 + R_3$$

$$\hat{Y}_4 = \alpha_0 + \alpha_1 \cdot 4 + E_4 + R_4 = (\alpha_0 + E_4) + \alpha_1 \cdot 4 + R_4$$

$$\hat{Y}_5 = \alpha_0 + \alpha_1 \cdot 5 + E_1 + R_5 = (\alpha_0 + E_1) + \alpha_1 \cdot 5 + R_5$$

$$\hat{Y}_6 = \alpha_0 + \alpha_1 \cdot 6 + E_2 + R_6 = (\alpha_0 + E_2) + \alpha_1 \cdot 6 + R_6$$

...   .

En general,

$$\hat{Y}_t = \alpha_0 + \alpha_1 \cdot t + E_s + R_t = (\alpha_0 + E_s) + \alpha_1 \cdot t + R_t\,,$$

$$\text{con } t = k \cdot p + s; \quad s = 1, ..., p \quad \text{y} \quad k = 0, 1, ...$$

Así pues, cada estación (s) componente del período conforma una recta con ordenada en el origen distinta para cada caso ($\alpha_0 + E_s$) y pendiente (α_1) común a todas; es decir, según muestra la Fig. 2.2., el modelo es un conjunto de rectas paralelas, cada una de ellas asociada a una estación.

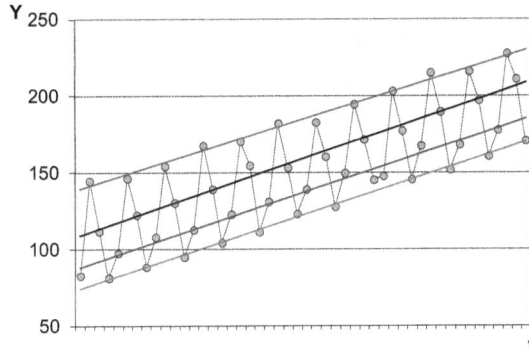

Fig. 2.2. Interpretación de una serie con modelo aditivo

En el modelo multiplicativo, el componente estacional actúa sobre la ordenada en el origen y sobre la pendiente. Prescindiendo de los ciclos, supuesta una tendencia lineal tipo $T_t = \alpha_0 + \alpha_1 t$ y una estacionalidad de período p, para $t = k \cdot p + s$ con $s = 1, ..., p$ y $k = 0, 1, ...$ resulta

$$\hat{Y}_t = T_t \cdot E_s + R_t = (\alpha_0 + \alpha_1 t)\, E_s + R_t,$$

es decir

$$\hat{Y}_t = (\alpha_0\, E_s) + (\alpha_1 E_s)\, t + R_t.$$

De esta forma, cada una de las p estaciones del período configura una recta distinta, tanto en lo que se refiere a la ordenada en el origen ($\alpha_0\, E_s$) como a la pendiente ($\alpha_1 E_s$). El conjunto de las p rectas constituye el modelo de comportamiento de la serie. Ver Fig. 2.3.

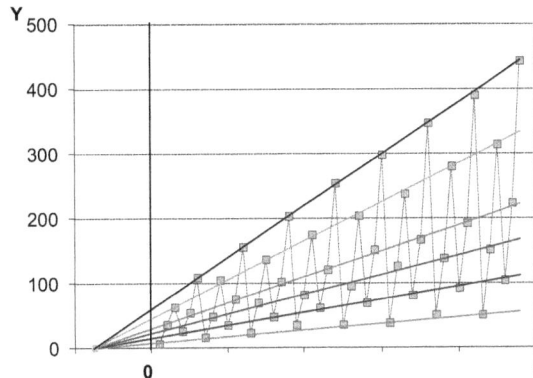

Fig. 2.3. Interpretación de una serie con modelo multiplicativo

En modelo multiplicativo, las p rectas se cruzan en un único punto situado sobre el eje de abscisas que se determina haciendo $(\alpha_0 \, E_s) + (\alpha_1 E_s) \cdot t = 0$. Resultando $t = - \, \alpha_0/\alpha_1$, qualquiera que sea s. Si la tendencia no es una recta, las p trayectorias correspondientes a las distintas estaciones, o bien no cruzarán el eje de abscisas, o lo cruzarán todas en el mismo valor de t.

El método denominado sistema clásico, descompone la serie en tendencia, estacionalidad, ciclos y residuos. Una vez decidida la conjunción entre ellos, aditiva o multiplicativa, se dispone del modelo con el que hacer previsiones.

La tendencia es la componente más importante de la serie al definir lo que se podría interpretar como comportamiento a largo plazo. Cada observación va ligada a un valor del tiempo, lo que permite plantear un modelo del tipo

$$Y = \phi(t) + \varepsilon$$

donde la función $\phi(t)$ puede ser:

lineal: $\phi(t) = \alpha_0 + \alpha_1 t$

polinómica: $\phi(t) = \alpha_0 + \alpha_1 t + \alpha_2 \, t^2 + \ldots$

exponencial: $\phi(t) = \alpha_0 + t^{\alpha_1}$ etc.

Si la serie no presenta estacionalidad, la regresión mediante estimación mínimo-cuadrática y todas las pruebas de hipótesis relativas a la explicación del modelo y a la significación de los coeficientes estimados, propios del modelo lineal ordinario, permiten estimar los coeficientes del modelo de tendencia sobre los datos directos. Siempre haciendo la salvedad de una interpretación amplia de los requisitos sobre los datos que exigen estas técnicas estadísticas. Caso de existir componente estacional, para que ésta no enmascare la tendencia, es necesario estabilizar previamente la serie.

Para desarrollar la metodología de la descomposición clásica sobre un ejemplo, se dispone de los datos relativos a las ventas de material deportivo, en una gran superficie comercial, durante los últimos 6 años, que se muestran en la Tabla 2.I y representan en la Fig. 2.4. En este caso el tiempo (t) se ha medido tomando como referencia el inicio del período de recogida de datos y su unidad es el trimestre.

La observación de la Fig. 2.4., permite pensar en una tendencia lineal creciente y una estacionalidad clara, cuyo patrón se repite anualmente, es decir, cada 4 valores del tiempo (trimestres). Esto se puede interpretar como una tendencia sostenida de un aumento de las ventas en esta superficie comercial, unida a un comportamiento distinto para cada uno de los cuatro trimestres; debido, posiblemente, a que el precio del material deportivo es muy distinto según sea el adecuado para una estación concreta (material de esquí frente a entretenimiento de playa, por ejemplo). Por otra parte, el patrón estacional se mantiene con una amplitud aproximadamente constante lo que conduce a la utilización de un modelo aditivo.

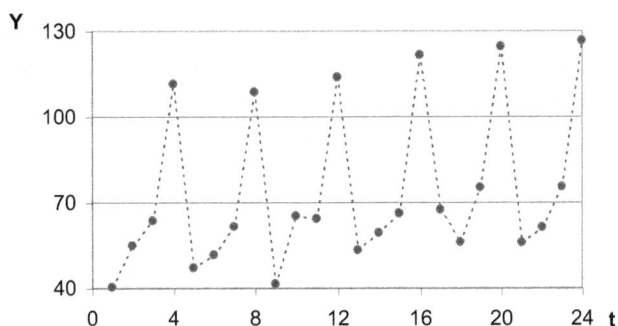

Fig. 2.4. Evolución cronológica de las ventas de material deportivo

Tabla 2.I. Ventas de material deportivo

Año	Trimestre	Ventas (Y)	t
1	1	40,22	1
	2	54,89	2
	3	63,51	3
	4	111,35	4
2	1	46,95	5
	2	51,62	6
	3	61,47	7
	4	108,58	8
3	1	41,38	9
	2	65,30	10
	3	64,25	11
	4	113,82	12
4	1	53,34	13
	2	59,37	14
	3	66,15	15
	4	121,5	16
5	1	67,38	17
	2	56,09	18
	3	75,11	19
	4	124,39	20
6	1	55,90	21
	2	61,25	22
	3	75,44	23
	4	126,50	24

En este ejemplo se ha identificado un patrón estacional compuesto por los cuatro trimestres y que se repite de año en año, además de una tendencia aparentemente lineal. Si se decidiese ajustar el modelo de tendencia directamente sobre los datos, se obtendrían los resultados de la Tabla 2.II.

El modelo presenta un coeficiente de determinación (R^2) tan sólo del 10,8% y no resulta estadísticamente significativo, ya que el nivel de significación, (p-val) tanto del ajuste como de la pendiente de la recta de tendencia, son claramente superiores a un riesgo de primera especie del

5%. Así se demuestra que este procedimiento no es válido ya que incluye en el residuo todo el componente estacional, dando lugar a una inflación de la suma de cuadrados residual que desvirtúa el modelo y cualquier prueba de significación de la regresión y de sus coeficientes. Además, los datos de una serie temporal incumplen algunos de los supuestos en los que se basa el modelo lineal, como por ejemplo la independencia entre los datos.

Tabla 2.II. Modelo de tendencia ajustado sobre todos los datos: $Y = \alpha_0 + \alpha_1 t + \varepsilon$

	g.d.l.	S. C.	C. M.	F	p-val
Regresión	1	1901,300	1901,300	2,677	0,116
Residuos	22	15623,686	710,168		
Total	23	17524,985			

	Coef.	Error típico	t	p-val
Ord. Origen	57,501	11,229	5,121	3,933E-05
t	1,286	0,786	1,636	1,160E-01

$R^2 = 0,10849$

Para evitar esta situación es necesario estabilizar la serie liberándola de la estacionalidad; esto se podría conseguir trabajando con los valores medios anuales, que son los de la Tabla 2.III. En la Tabla 2.IV se detallan los resultados del cálculo del modelo de tendencia, considerado tipo rectilíneo.

Tabla 2.III. Medias anuales de ventas de material deportivo

t (años)	$\overline{Y}_a$	t (años)	$\overline{Y}_a$
1	67,4925	4	75,0900
2	67,1550	5	80,7425
3	71,1875	6	79,7725

Tabla 2.IV. Modelo lineal para las medias anuales $\overline{Y}_a = \alpha_0 + \alpha_1 t_{años} + \varepsilon$

	g.d.l.	S.C.	C.M.	F	p-val
Regresión	1	160,711	160,711	42,073	0,003
Residuos	4	15,279	3,820		
Total	5	175,990			

	Coef.	Error típico	t	p-val
Ord. Origen	62,967	1,819	34,607	4,160E-06
t(años)	3,030	0,467	6,486	2,913E-03

$R^2 = 0,91318$

De esta forma se ha obtenido un modelo de tendencia altamente significativo (p-val = 0,003) y con un buen ajuste (R^2 = 91,3%). En la Fig. 2.5. se han representado las medias anuales junto a la estimación del modelo de tendencia; se observa la estabilización conseguida en los valores de las medias anuales, ya que mientras los datos directos oscilaban entre 40 y 130, las medias anuales van desde 67 hasta 81.

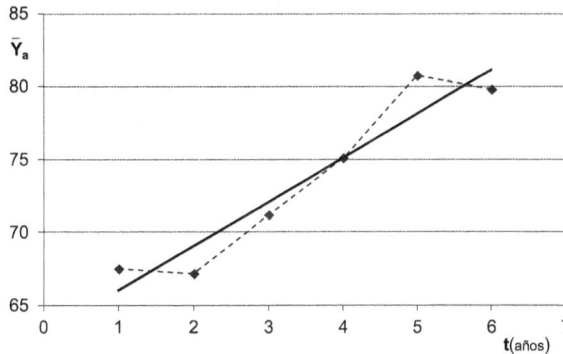

Fig. 2.5. Evolución y tendencia de la media anual

Hay que destacar que con esta estabilización se ha obtenido un modelo de tendencia significativo, sin embargo este procedimiento no es aceptable. El motivo es la gran pérdida de información, pues de los 24 datos iniciales, se ha acabado estimando el modelo con sólo 6 puntos. Este inconveniente queda paliado desestacionalizando la serie con las medias móviles.

2.1   Medias móviles: Tendencia

Con las medias móviles se consigue suavizar tanto las oscilaciones periódicas de una serie como las aleatorias. Su aplicación requiere decidir, previamente, el período en que se repite el patrón de comportamiento atribuible a variaciones estacionales. La observación de la evolución gráfica de la serie puede ayudar a tomar la decisión.

Una vez fijado el período p, se calculan las medias de los valores de la serie tomados de p en p, sucesivamente desde el inicio. Asociando cada una de estas medias al valor del tiempo del punto central del período estudiado se obtiene una nueva serie de valores mucho más estables, debido, por una parte, a la reducción de la variabilidad ocasionada al promediar, y por otra, a que si el período escogido es el correcto, al pasar de una media móvil a la siguiente, el nuevo dato incorporado es del mismo comportamiento que el dato saliente.

Si p es impar la asociación es directa puesto que cada período tiene un valor central del tiempo:

$$t = \frac{p+1}{2} \quad \Leftrightarrow \quad \overline{Y}_{(p+1)/2} = \frac{\sum_{i=1}^{p} Y_i}{p} = \frac{Y_1 + Y_2 + \cdots + Y_p}{p}$$

$$t = \frac{p+3}{2} \quad \Leftrightarrow \quad \overline{Y}_{(p+3)/2} = \frac{\sum\limits_{i=2}^{p+1} Y_i}{p} = \frac{Y_2 + Y_2 + \cdots + Y_{p+1}}{p}$$

...

Si p es par, el centro del grupo de cada p valores promediados corresponde a un valor no observado del tiempo, para subsanarlo, la nueva serie queda constituida por los promedios de las medias móviles tomadas dos a dos. Es decir:

$$t = \frac{p+2}{2} \quad \Leftrightarrow \quad \overline{Y}_{(p+2)/2} = \frac{\overline{Y}_{(p+1)/2} + \overline{Y}_{(p+3)/2}}{2}$$

$$t = \frac{p+4}{2} \quad \Leftrightarrow \quad \overline{Y}_{(p+4)/2} = \frac{\overline{Y}_{(p+3)/2} + \overline{Y}_{(p+5)/2}}{2}$$

...

La representación gráfica de las medias móviles, o la regresión de dichos valores frente al tiempo, permiten evaluar la tendencia de la serie liberada de la componente estacional.

Uno de los inconvenientes de este sistema es la pérdida de valores en los dos extremos de la serie, tanto mayor cuanto mayor es p. En ocasiones, se propone como alternativa a este problema la substitución de los valores extremos de las medias móviles por los resultantes de una extrapolación lineal de los observados, sin embargo si el número de datos disponibles es grande, la pérdida de información puede considerarse negligible.

Tabla 2.V. Detalle del cálculo de las medias móviles con p = 4

t	Y	promedio	$\overline{Y}$	t
1	40,22			1
1,5				
2	54,89			2
2,5		67,4925		
3	63,51		68,33375	3
3,5		69,1750		
4	111,35		68,76625	4
4,5		68,3575		
5	46,95		...	5
5,5		...		
6	51,62		...	6

En el caso del ejemplo de las ventas de material deportivo, ya se ha comentado que la estacionalidad se manifiesta de forma anual, es decir cada cuatro trimestres, ello conduce al cálculo de las medias móviles tomando p = 4. En la Tabla 2.V se detalla el cálculo de los primeros valores de la nueva serie, y en la Tabla 2.VI se presentan la totalidad de los mismos.

Tabla 2.VI. Medias móviles con p = 4

t	$\overline{Y}_t$	t	$\overline{Y}_t$	t	$\overline{Y}_t$	t	$\overline{Y}_t$
3	68,33375	8	67,47250	13	72,93250	18	80,38125
4	68,76625	9	69,53000	14	74,13000	19	79,30750
5	68,10250	10	70,53250	15	76,84500	20	78,51750
6	67,50125	11	72,68250	16	78,19000	21	79,20375
7	66,45875	12	73,43625	17	78,90000	22	79,50875

Los resultados de la regresión, $\overline{Y}_t = \alpha_0 + \alpha_1 t + \varepsilon$, para la modelización de la tendencia se muestran en la Tabla 2.VII. Se ha trabajado con 19 puntos, los 19 valores de las medias móviles, y se ha obtenido un buen ajuste, con un coeficiente de determinación del 89,72 %. En consecuencia el modelo de tendencia estimado es:

$$T = 63,6542 + 0,7906\, t$$

Tabla 2.VII. Modelo de tendencia sobre las medias móviles

	g.d.l.	S.C.	C.M.	F	p-val
Regresión	1	415,6469	415,6469	157,0191	0,0000
Residuos	17	47,6480	2,6471		
Total	18	463,2949			

	Coef.	Error típico	t	p-val
Ord. Origen	63,6542	0,8685	73,2905	0,0000
t	0,7906	0,0631	12,5307	0,0000

$R^2 = 0,8972$

La interpretación de la ecuación de la tendencia conduce a afirmar que las ventas se incrementan 0,7906 unidades cada trimestre (ya que el tiempo se ha medido en trimestres). En la Fig. 2.6. puede observarse la estabilidad conseguida con las medias móviles junto con el modelo de tendencia estimado a partir de los citados valores y sus correspondientes residuos que no presentan ninguna anomalía.

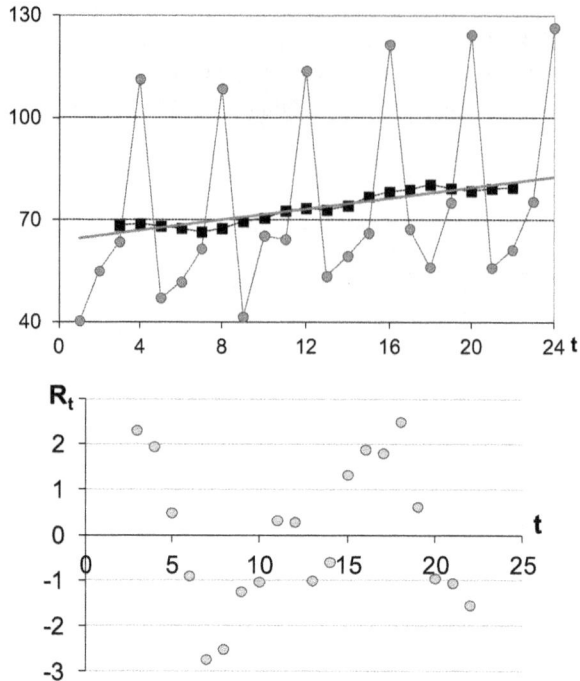

Fig. 2.6. Evolución (●), medias móviles (■) y tendencia (———) para p = 4. Residuos del modelo de tendencia

2.2   Estacionalidad

La componente estacional, que provoca una oscilación sistemática de período corto, generalmente no superior al año, puede enmascarar la evolución a largo plazo, tendencia, si no se aísla convenientemente.

Se entiende como componente estacional, en modelos aditivos, la diferencia entre el valor de la estación y la media de todas las estaciones componentes del período.

El análisis de la estacionalidad queda ligado al método que se decida emplear para modelizar la tendencia, así, en este capítulo se desarrolla la metodología para el caso de trabajar con medias móviles.

La sistemática a seguir para calcular los valores de los índices estacionales es:

- o   Calcular las medias móviles, $\overline{Y}_t$, sobre los datos, Y_t, de la serie original, tomando el período de agrupación, p, que se considere oportuno.

- o   Proponer un modelo de agrupación de las componentes, aditivo o multiplicativo.

- o   Separar la parte explicada por la tendencia. Supuesto el modelo aditivo, esto equivale a calcular $W_t = Y_t - \overline{Y}_t$; si fuese multiplicativo, en lugar de diferencias serían cocientes, es decir, $W_t = Y_t / \overline{Y}_t$. Hay que destacar que en W_t están incluidas las componentes asociadas a la estacionalidad, los ciclos y los residuos.

o Asumiendo que los residuos son variables aleatorias de media nula y que la componente cíclica, caso de existir, es de período suficientemente largo como para no ser recogida por los datos, se procede a evaluar la estacionalidad asociada a cada componente del período, a cada trimestre en el caso del ejemplo. Para ello se calculan los promedios de los W_t de la misma estación:

$$E_s^* = \frac{\sum\limits_{t=s+kp} W_t}{n_s} \qquad s = 1, ..., p \qquad k = 0, 1, ...$$

s representa la estación y n_s el número de valores de W_t de dicha estación.

Ya que los índices estacionales miden discrepancias respecto a la media, se necesita ésta como valor de referencia, por tanto es necesario calcular la media general:

$$\overline{E} = \frac{\sum\limits_{s=1}^{p} E_s^*}{p}$$

o Cálculo los índices estacionales en modelo aditivo

Los índices estacionales son las diferencias entre los promedios de las W_t de cada estación y la media general que se acaba de definir, es decir:

$$E_s = E_s^* - \overline{E}$$

siendo obvio destacar que la suma de estos índices es cero,

$$\sum\limits_{s=1}^{p} E_s = 0$$

o Cálculo de los índices estacionales en modelo multiplicativo

En este caso, los índices estacionales son el cociente entre los promedios de las W_t de cada estación y la media general, es decir:

$$E_s = \frac{E_s^*}{\overline{E}}$$

ahora, la suma de estos índices es igual al período, $\sum\limits_{s=1}^{p} E_s = p$. En modelo multiplicativo, no es extraño que los índices estacionales se representen en porcentages.

En la Tabla 2.VIII se detallan los cálculos correspondientes al caso de modelo aditivo de las ventas de material deportivo. Por ejemplo, para calcular la estacionalidad asociada al tercer trimestre de cualquier año (E_3), en primer lugar, hay que promediar las W_t cuyos valores del tiempo correspondan a un tercer trimestre (s = 3). Esto es, con valores de t = k·p + 3 = k·4 + 3 que son el conjunto {t = 3, 7, 11, 15, 19}, así:

$$E_3^* = \frac{-4,8237 - 4,9888 - 8,4325 - 10,6950 - 4,1975}{5} = -6,6275$$

Análogamente, para cada trimestre, se obtiene:

$$E_1^* = -20,7438 \quad E_2^* = -15.68477 \quad E_3^* = -6,6275 \quad E_4^* = 42,6515$$

La media general es:

$$\overline{E} = \frac{\displaystyle\sum_{s=1}^{4} E_s^*}{4} = -0,101125$$

y los índices estacionales, $E_s = E_s^* - \overline{E}$, resultan

$$E_1 = -20,6426 \quad E_2 = -15,5836 \quad E_3 = -6,5264 \quad E_4 = 42,7526$$

Tabla 2.VIII. Evaluación de la estacionalidad por medias móviles

t	Y_t	$\overline{Y}_t$	W_t	Estación: s
1	40,22	—	—	1
2	54,89	—	—	2
3	63,51	68,3337	−4,8237	3
4	111,35	68,7662	42,5838	4
5	46,95	68,1025	−21,1525	1
6	51,62	67,5012	−15,8812	2
7	61,47	66,4588	−4,9888	3
8	108,58	67,4725	41,1075	4
9	41,38	69,5300	−28,1500	1
10	65,30	70,5325	−5,2325	2
11	64,25	72,6825	−8,4325	3
12	113,82	73,4363	40,3837	4
13	53,34	72,9325	−19,5925	1
14	59,37	74,1300	−14,7600	2
15	66,15	76,8450	−10,6950	3
16	121,5	78,1900	43,3100	4
17	67,38	78,9000	−11,5200	1
18	56,09	80,3812	−24,2912	2
19	75,11	79,3075	−4,1975	3
20	124,39	78,5175	45,8725	4
21	55,90	79,2037	−23,3037	1
22	61,25	79,5088	−18,2588	2
23	75,44	—	—	3
24	126,5	—	—	4

Los valores de los índices estacionales recién obtenidos, se interpretan de la siguiente forma: el primer trimestre tiene una venta inferior en 20,6426 unidades a la media anual; el segundo está 15,5836 unidades por debajo de la media, el tercero también está por debajo de la media en 6,5264 unidades; mientras que el cuarto supera a la media anual en 42,7526 unidades de venta.

2.3 Modelo y previsiones

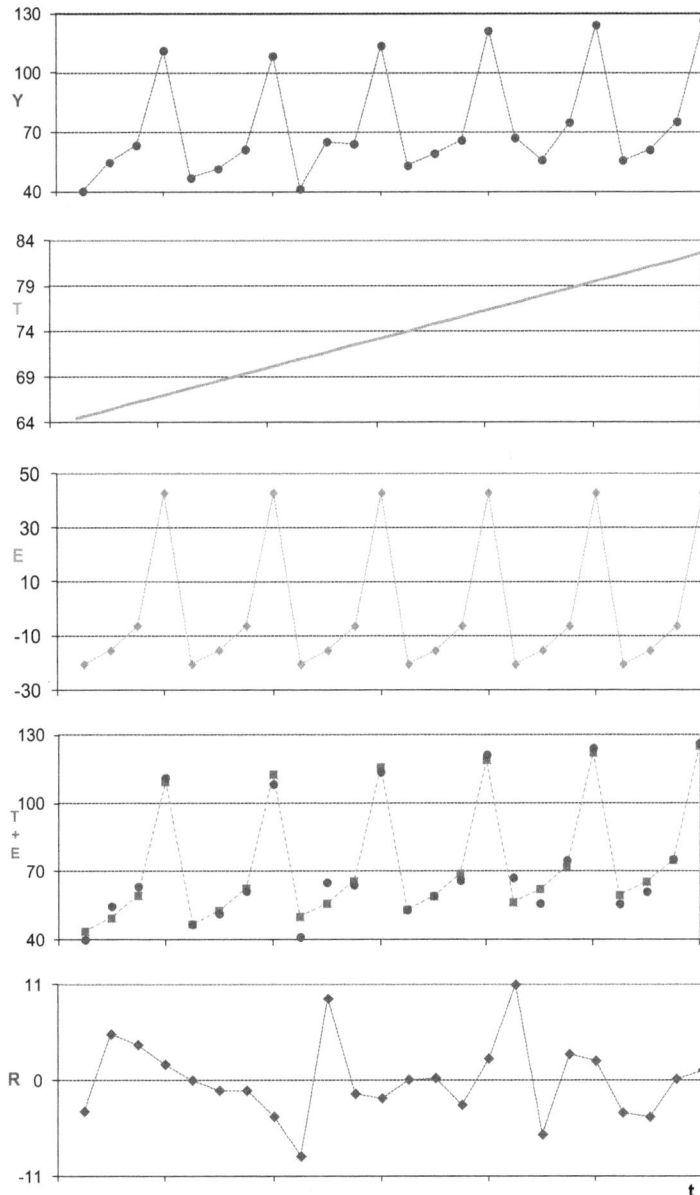

Fig. 2.7. Descomposición de la serie de ventas de material deportivo

Con el modelo de tendencia de la Tabla 2.VII, y la estacionalidad, se ha obtenido la descomposición de la serie original, mostrada en la Fig. 2.7. En ella, además del buen ajuste del modelo (T + E) a los datos reales, se pone de manifiesto el comportamiento aleatorio de los residuos, (R = Y − T − E) que corrobora la credibilidad del modelo.

Tal como se ha ido repitiendo, el objetivo de la modelización de la serie es poder realizar previsiones para los próximos valores del tiempo. En la Tabla 2.IX se presentan las previsiones para los 2 años inmediatos siguientes. Atendiendo a que el período estacional es igual a 4, para realizar la previsión hay que identificar el tiempo como un múltiplo de 4 más s (s = 1, 2, 3, 4), para añadir a la tendencia el valor correcto de la estacionalidad. Así, la previsión se calcula como

$$\tilde{Y}_t = 63{,}6542 + 0{,}7906\, t + E_s \qquad \text{con} \quad t = k \cdot 4 + s \qquad k = 0, 1, \ldots$$

La Fig. 2.8. muestra la evolución de las previsiones para los dos años siguientes a la recogida de información que será una continuación de la evolución histórica de los datos estudiados, siempre que durante este tiempo no hayan cambios en el modelo de comportamiento de las ventas (crisis, apertura de un comercio similar en las inmediaciones, ...).

Tabla 2.IX. Previsiones para 2 años, según modelo de descomposición clásica.

Año	t	Estación: s	Tendencia: T = 63,6542+0,7906 t	Estacionalidad: E	Previsión: Ȳ
7	25	1	83,4192	−20,6426	62,7766
	26	2	84,2098	−15,5836	68,6262
	27	3	85,0004	−6,5264	78,4740
	28	4	85,7910	42,7526	128,5436
8	29	1	86,5816	−20,6426	65,9390
	30	2	87,3722	−15,5836	71,7886
	31	3	88,1628	−6,5264	81,6364
	32	4	88,9534	42,7526	131,7060

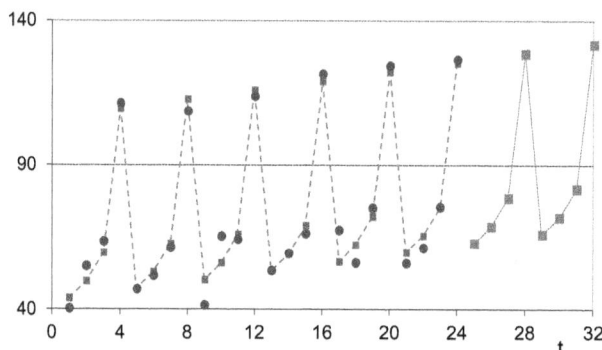

Fig. 2.8. Evolución histórica (●), modelo (▪) y previsiones (▪)

Además de la modelización de los datos y el cálculo de las previsiones, es conveniente llevar a cabo un análisis completo del modelo resultante. Una serie aditiva, tal como se ha comentado en el capítulo anterior, puede interpretarse como un conjunto de p rectas paralelas. En este caso son 4 rectas paralelas, cada una de ellas representante de un trimestre.

Sus ecuaciones se obtendrán añadiendo a la tendencia el valor de cada una de las estacionalidades, es decir,

Primer trimestre:

$$\tilde{Y}_t = T_t + E_1 = 63{,}6542 + 0{,}7906\,t - 20{,}6426 = 43{,}0116 + 0{,}7906\,t \qquad t = k\cdot 4 + 1$$

Segundo trimestre:

$$\tilde{Y}_t = T_t + E_2 = 63{,}6542 + 0{,}7906\,t - 15{,}5836 = 48{,}0706 + 0{,}7906\,t \qquad t = k\cdot 4 + 2$$

Tercer trimestre:

$$\tilde{Y}_t = T_t + E_3 = 63{,}6542 + 0{,}7906\,t - 6{,}5264 = 57{,}1278 + 0{,}7906\,t \qquad t = k\cdot 4 + 3$$

Cuarto trimestre:

$$\tilde{Y}_t = T_t + E_4 = 63{,}6542 + 0{,}7906\,t + 42{,}7526 = 106{,}4068 + 0{,}7906\,t \qquad t = k\cdot 4 + 4$$

para valores de k = 0, 1, 2, …

La Fig. 2.9. muestra el conjunto de las cuatro rectas, junto a los puntos experimentales, los modelizados, que están justo sobre su correspondiente recta, y las previsiones.

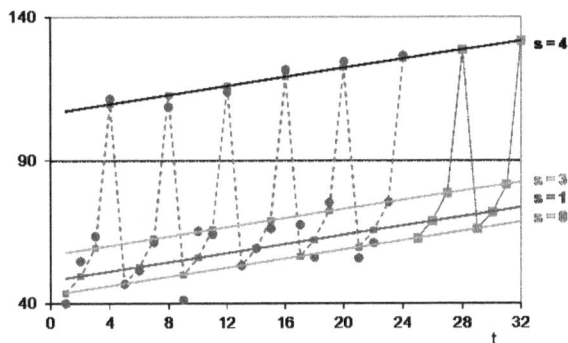

Fig. 2.9. Rectas estacionales, datos (●), modelo (■) y previsiones (▨)

2.4 Caso temperaturas

La Tabla 2.X presenta las temperaturas medias mensuales, desde enero de 2002 hasta diciembre de 2011, registradas con una estación Davis ubicada en el cruce de la Rambla de Egara con la calle Torrella de Terrassa (Vallès Occidental). Coordenadas geográficas 2°22"E, 41°33'26"N, 300 m sobre el nivel del mar. Interesa estudiar el modelo de comportamiento y realizar una previsión de las temperaturas para años posteriores.

Tabla 2.X. Registro de las temperaturas medias mensuales de Terrassa

Mes	Año									
	2002	2003	2004	2005	2006	2007	2008	2009	2010	2011
I	8,2	7,8	9,0	6,2	6,9	9,0	9,5	7,2	6,6	7,7
II	10,1	7,2	7,8	6,0	7,9	10,7	10,0	8,5	7,6	9,4
III	12,0	11,5	9,6	9,6	11,7	11,2	10,5	11v	9,3	10,8
IV	13,5	13,6	12,3	13,4	14,5	14,7	13,5	12,7	13,6	15,8
V	15,5	17,6	15,5	17,9	18,5	17,8	16,1	18,7	15,5	18,4
VI	22,1	24,8	21,6	23,0	21,6	21,4	20,1	22,2	20,1	20,2
VII	22,7	25,1	22,7	24,0	26,1	22,9	23,2	23,9	24,9	21,8
VIII	21,4	26,9	24,0	22,1	22,3	22,3	23,6	25,0	23,3	24,4
IX	19,5	20,0	20,9	19,7	20,8	19,9	19,7	20,3	19,9	22,0
X	16,3	15,0	17,7	17,0	18,2	15,9	16,0	17,2	15,3	17,9
XI	12,4	12,3	10,4	10,9	13,7	10,3	10,0	12,8	10,2	13,7
XII	9,8	8,3	8,9	5,9	8,8	8,2	7,6	8,5	7,7	9,3

La evolución cronológica de los datos se muestra en la Fig. 2.10., que pone de manifiesto que la tendencia es prácticamente inapreciable, por la aparente horizontalidad del eje virtual de la serie. Por otra parte se observa la existencia de una componente estacional clara que se repite, lógicamente, cada año y mantiene la amplitud, dando idea de que es un modelo aditivo. Al ser los datos mensuales, la longitud del período es igual a 12.

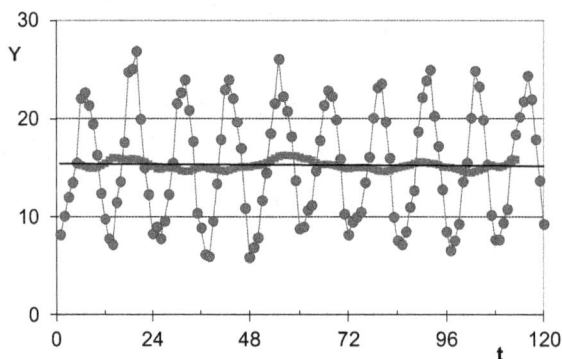

Fig. 2.10. Evolución cronológica de las temperaturas mensuales (●), medias móviles (■) y línea de tendencia ajustada (——)

El cálculo de las medias móviles, con p = 12, y su representación gráfica, Fig. 2.10., confirman la estacionalidad, por la estabilización conseguida en la serie, e indican la casi segura ausencia de tendencia. Para confirmar esta presunción se procede al ajuste de un modelo rectilíneo sobre las medias móviles cuyo resultado se muestra en la Tabla 2.XI.

El análisis de los resultados de la regresión confirma que no se detecta una tendencia significativa, puesto que el p-val del modelo supera el 5% que es el riesgo de primera especie asumido para la prueba.

Tabla 2.XI. Modelo de tendencia sobre las medias móviles

	g.d.l.	S.C.	C.M.	F	p-val
Regresión	1	0,6093	0,6093	3,1519	0,0787
Residuos	106	20,4925	0,1933		
Total	107	21,1019			

	Coef.	Error típico	t	p-val
Ord. Origen	15,4127	0,0912	169,0704	9,33E-131
t	-0,0024	0,0014	-1,7754	0,0787

$R^2 = 0,0289$

La no existencia de tendencia indica que es admisible pensar que la temperatura media mensual no presenta un cambio sistemático en el tiempo, es decir, en este sistema de modelización clásico, el componente tendencia es igual al promedio de los datos recogidos en todo el estudio, por lo tanto $T = \overline{Y} = 15,318$.

Para evaluar la estacionalidad es necesario calcular los índices estacionales, tal como se ha detallado en el apartado 2.2. Los resultados obtenidos se encuentran en la Tabla 2.XII, y se presentan gráficamente en la Fig. 2.11.

Tabla 2.XII. Índices estacionales

Mes	(s)	Índice E_s	Mes	(s)	Índice E_s
I	1	−7,50	VII	7	+8,70
II	2	−6,95	VIII	8	+8,20
III	3	−4,73	IX	9	+4,84
IV	4	−1,54	X	10	+1,25
V	5	+2,00	XI	11	−3,83
VI	6	+6,63	XII	12	−7,07

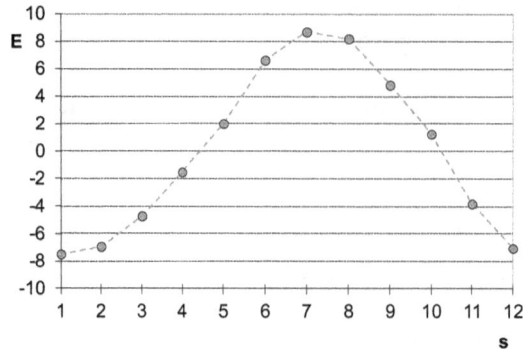

Fig. 2.11. Componente estacional: índices

Los índices estacionales explican que desde mayo (s = 5) a octubre (s = 10) la temperatura media diaria está por encima de la media anual; mientras que desde noviembre (s = 11) hasta abril (s = 4) está por debajo. El mes más cálido es julio que tiene una temperatura media diaria que supera en 8,70°C a la media anual (E_7 = 8,70), mientras que el más frio es enero con 7,50°C por debajo de la media anual. La oscilación térmica media, del mes más cálido al más frío, se estima en 8,70–(– 7,50) = 16,20°C que es relativamente amplia y propia del clima mediterráneo.

La evolución del modelo, junto con los datos reales, se presenta en la Fig. 2.12. Para su obtención, hay que tener en cuenta que conocidos los índices estacionales y el modelo de tendencia, la suma mes a mes de los dichos valores darán lugar al modelo propuesto, es decir:

$$\tilde{Y}_t = 15{,}318 + E_s \quad \text{con} \quad t = k{\cdot}p + s = 12{\cdot}k + s \qquad k = 0, 1, \dots \quad s = 1, \dots, 12$$

Al no existir una tendencia dependiente del tiempo, el patrón se repite sistemáticamente de año en año, y las 12 rectas paralelas propias del modelo aditivo de período 12, son horizontales con ordenada en el origen igual a la temperatura media más su componente estacional.

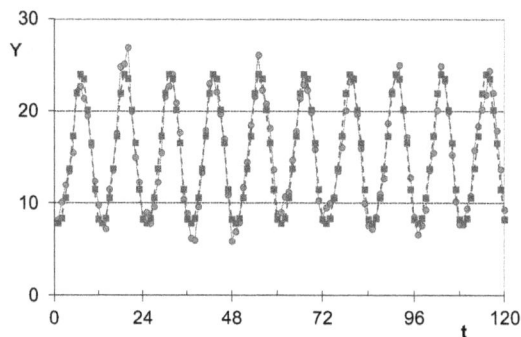

Fig. 2.12. Datos (•) y modelo ajustado (■)

Es destacable la buena concordancia general entre ambos, a pesar de que hay algunos puntos que parecen presentar mayores discrepancias. Esto ocurre, por ejemplo, en verano de 2003 en que la temperatura media de junio superó en 2,85°C a la media histórica y agosto la superó en 3,38°C. Siendo este mes el más cálido dentro de la década estudiada. De forma similar febrero y diciembre de 2005 estuvieron del orden de 2,4°C por debajo de la media general de ambos meses.

En la Fig. 2.13. se muestran los residuos resultantes de la descomposición de esta serie, obtenidos como $R_t = Y_t - \tilde{Y}_t$. Hay que destacar el comportamiento aleatorio de los mismos que, al no mostrar ningún patrón sistemático, da validez a la modelización efectuada.

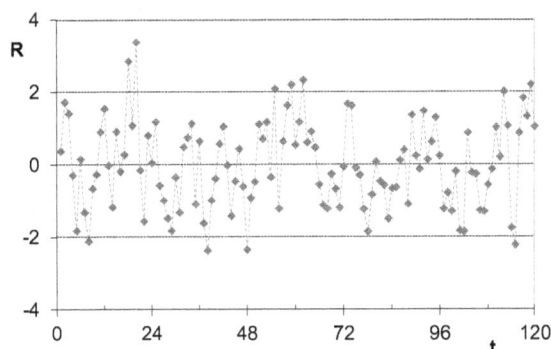

Fig. 2.13. Residuos del modelo

A partir de la descomposición, y suponiendo que no cambie la climatología de esta ciudad, los valores previstos para las temperaturas medias mensuales son los de la Tabla 2.XIII, que se muestran gráficamente en la Fig. 2.14. junto a los datos disponibles y al modelo ajustado. Aquí se observa que el patrón de comportamiento es sistemáticamente el mismo ya que, al no haber detectado ningún tipo de tendencia, los valores únicamente cambian por causa estacional.

Comparando los datos reales con las previsiones, se ve en estas últimas la ausencia del componente aleatorio. Se está haciendo una previsión de temperaturas medias, pero el azar meteorológico se unirá a la previsión alterándola en aquellos períodos de tiempo en los que las temperaturas sean distintas a las de la tónica general: inviernos muy fríos o muy suaves, veranos más extremos, etc.

Tabla 2.XIII. Temperatura media mensual prevista para cualquier año.

Mes	(s)	$\tilde{Y}_t$ (°C)	Mes	(s)	$\tilde{Y}_t$ (°C)
I	1	7,82	VII	7	24,02
II	2	8,37	VIII	8	23,52
III	3	10,58	IX	9	20,15
IV	4	13,78	X	10	16,56
V	5	17,32	XI	11	11,49
VI	6	21,95	XII	12	8,25

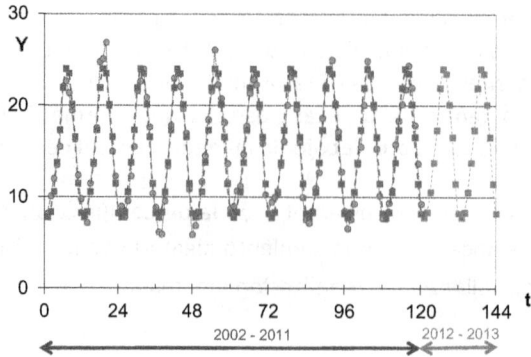

Fig. 2.14. Datos desde 2002 a 2011 (●), modelo ajustado (■) y previsiones futuras (■)

2.5   Caso usuarios transporte público

En la Tabla 2.XIV se recogen los datos relativos al número de usuarios de un transporte público desde 1984 hasta 1995 y la Fig. 2.15. muestra su evolución cronológica.

Tabla 2.XIV. Usuarios de un transporte público

Mes	Año											
	1984	1985	1986	1987	1988	1989	1990	1991	1992	1993	1994	1995
I	90	111	127	142	146	164	175	176	208	199	207	219
II	88	115	107	139	155	151	161	194	189	190	198	206
III	109	129	141	145	182	180	179	197	232	228	251	229
IV	103	121	135	162	165	164	195	211	226	220	231	223
V	103	112	133	144	165	184	189	191	222	222	234	231
VI	122	125	154	176	191	206	208	235	245	233	251	266
VII	134	164	175	192	195	198	227	248	252	303	316	290
VIII	132	158	174	190	205	235	249	273	242	253	285	294
IX	115	133	158	160	182	197	224	202	229	253	250	258
X	101	127	139	151	165	163	193	189	202	223	232	214
XI	91	110	112	134	138	148	170	167	192	191	190	206
XII	112	120	140	140	155	163	166	168	198	185	201	199

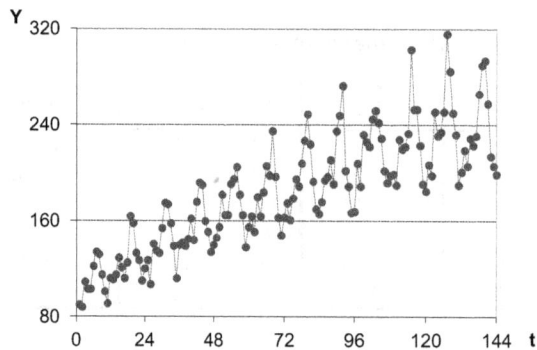

Fig. 2.15. Evolución cronológica del número de usuarios

La observación de la Fig. 2.15. permite realizar las siguientes consideraciones:

o   Se detecta una clara tendencia creciente en el tiempo.

o   Hay una estacionalidad manifiesta que se repite anualmente. Ya que los datos son mensuales, su período será igual a 12.

o   Los datos presentan una amplificación continua en el tiempo, y las trayectorias de las distintas estaciones parecen converger en el eje de abscisas. Esta situación es la que indica que el modelo subyacente puede ser tipo **multiplicativo**.

Para obtener la descomposición de la serie cronológica, es necesario estabilizarla previamente, mediante medias móviles de p = 12; y después modelizar la tendencia y calcular los índices estacionales. La evolución de las medias móviles se muestra en la Fig. 2.16., y se aprecia un crecimiento que no es proporcional al tiempo, sino que parece sufrir un amortiguamiento al final de la serie, es decir, probablemente se trate de un modelo parabólico.

La estimación mínimo cuadrática conduce al modelo de tendencia, sobre las medias móviles, cuya estimación se muestra en la Tabla 2.XV. En ella se observa, además de un muy buen ajuste reflejado por un R^2 del 99,74%, que el término cuadrático es altamente significativo. El signo negativo de este término da idea de una especie de freno en el crecimiento sostenido del número de usuarios, representado por el coeficiente positivo del tiempo.

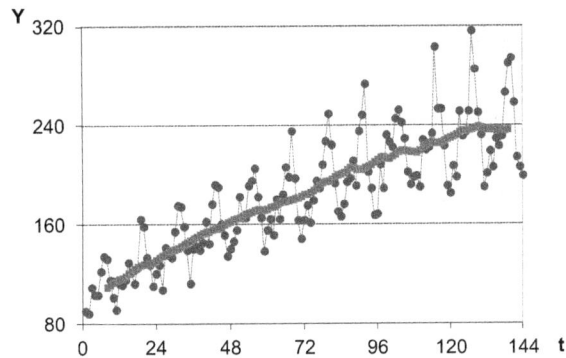

Fig. 2.16. Tendencia a través de las medias móviles (p = 12)

31

Tabla 2.XV. Estimación del modelo de tendencia: $\overline{Y} = \alpha_0 + \alpha_1 t + \alpha_2 t^2 + \varepsilon$

	g.d.l	S.C.	C.M.	F	p-val
Regresión	2	194340,33	97170,17	25069,58	7,937E-168
Residuos	129	500,01	3,88		
Total	131	194840,34			

	Coeficientes	Error típico	t	p-val
Ord. Origen	100,4749	0,6227	161,3636	1,08E-150
t	1,4326	0,0197	72,8823	1,08E-106
t^2	-0,00297	0,0001	-22,5088	1,66E-46

$R^2 = 0{,}9974$

En consecuencia, el modelo de tendencia puede escribirse como:

$$T = 100{,}4749 + 1{,}4326\, t - 0{,}00297\, t^2$$

En modelos presuntamente multiplicativos, como el del actual ejemplo, la componente estacional representa la relación entre cada estación y la media general. Recordemos que, en estos casos, el cálculo de la estacionalidad se realiza de acuerdo con los siguientes pasos:

o Calcular las medias móviles $\overline{Y}_t$, a partir de los datos, Y_t, de la serie.

o Separar la tendencia, es decir calcular $W_t = \dfrac{Y_t}{\overline{Y}_t}$

o Asumiendo que los ciclos, caso de existir, son de período suficientemente largo como para no ser recogidos por los datos, se calculan los promedios de las W_t de cada estación y la media general. Siendo s el indicador de la estación, (mes, en el ejemplo), y n_s el número de valores de W que se promedian en la citada estación

$$E_s^* = \frac{\sum\limits_{t=s+kp} W_t}{n_s} \qquad s = 1, ..., p;\;\; k = 0, 1, ... \qquad y \qquad \overline{E} = \frac{\sum\limits_{s=1}^{p} E_s^*}{p}$$

o Finalmente, los valores de las componentes estacionales en modelos multiplicativos, generalmente expresados en tanto por ciento, se obtienen como:

$$E_s = \frac{E_s^*}{\overline{E}}\,\Box 100$$

En la Tabla 2.XVI se muestran los valores de las componentes estacionales del presente ejemplo, y se representan gráficamente en la Fig. 2.17.

Tabla 2.XVI. Componente estacional (%)

Mes	E_s	Mes	E_s	Mes	E_s
I	92,38	V	97,04	IX	105,50
II	88,41	VI	109,53	X	94,11
III	101,72	VII	121,91	XI	81,54
IV	99,21	VIII	121,31	XII	87,33

La interpretación de los índices podría ser en el sentido de que, por ejemplo, los usuarios de los meses de julio y agosto son del orden de un 121% superiores a la media, mientras que en noviembre se está alrededor de un 81% de la media. Ello podría aconsejar una promoción en los meses de noviembre, diciembre, enero y febrero, con el fin de conseguir una mayor ocupación de las plazas disponibles.

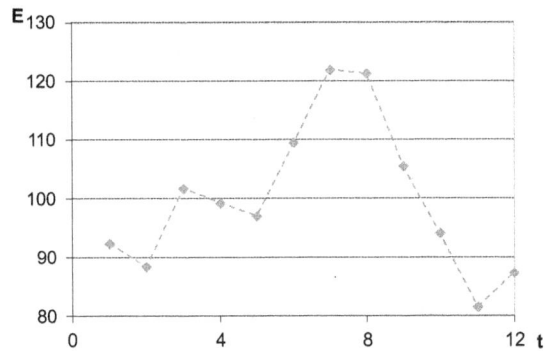

Fig. 2.17. Índices estacionales

La Fig. 2.18. muestra conjuntamente los datos y su modelo, a partir de la tendencia y estacionalidad calculadas, de acuerdo con el caso multiplicativo

$$\tilde{Y}_t = \left(100{,}4749 + 1{,}4326t - 0{,}00297\,t^2\right)\frac{E_s}{100}$$

con $t = s + 12 \cdot k$ $s = 1, \ldots, 12$ $k = 0, 1, \ldots$

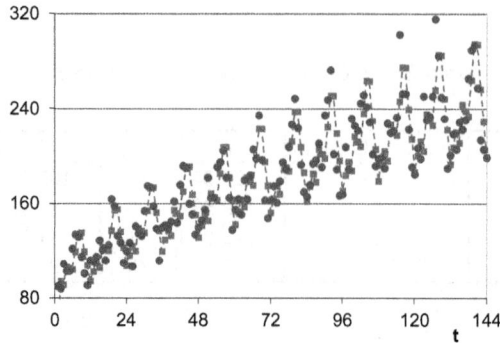

Fig. 2.18. Datos cronológicos (●) y serie ajustada (■)

Observando la Fig. 2.18. se puede destacar que, aunque generalmente el ajuste es bueno, hay algunas discrepancias más acusadas en ciertos meses de julio o agosto, en concreto, los de los años 1989, 90, 91, 93 y 94, por lo que es posible afirmar que en los casos citados se ha tratado de un comportamiento substancialmente distinto del esperado en los mismos meses de otros años; en principio, sería discutible afirmar la presencia de un cambio en los hábitos de utilización de este transporte, ya que ni el año 1992 ni el 1995, pertenecientes al mismo intervalo de tiempo, presentan semejantes desajustes.

A pesar de todo, en este caso, sería prudente tomar con ciertas precauciones las previsiones para años venideros, mientras no se confirme la consolidación de un cambio, o de una permanencia de comportamiento, en el futuro. También podría ser interesante intentar averiguar qué ocurrió en estos meses, quizás una campaña publicitaria, quizás una disminución de alternativas de la competencia, ...

La Fig. 2.19. visualiza la evolución de los residuos entre los datos experimentales y el modelo ajustado, $R_t = Y_t - \tilde{Y}_t$, observando un comportamiento aleatorio de los residuos que confirma la ausencia de patrones sistemáticos asociados a cambios en la evolución de los datos y sus consiguientes desajustes con el modelo propuesto.

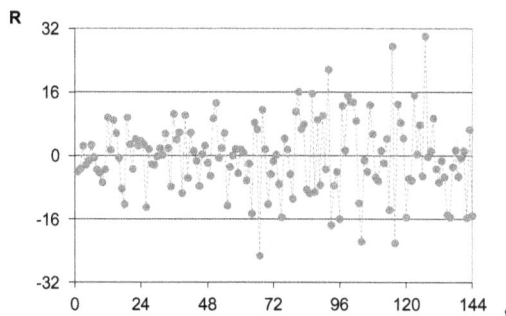

Fig. 2.20. Residuos del modelo ajustado

Asumiendo que se mantiene el mismo modelo, la previsión de usuarios hasta el año 2000, se presenta en la Fig. 2.20. Hay que tener en cuenta, para realizar correctamente los cálculos, que el último valor de t para el que se dispone de datos, diciembre de 1995, es el 144, por tanto, para las predicciones, que abarcan el período de los próximos 60 meses, los valores de t irán desde 145 hasta 204.

En el gráfico de la previsión se puede observar la reducción de la velocidad de crecimiento inicial de la serie que se ha comentado en la modelización de la tendencia.

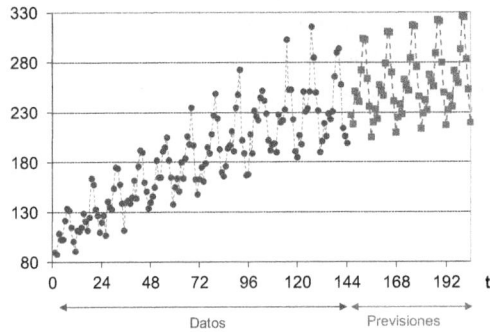

Fig. 2.21. Serie observada y previsiones hasta el año 2000

En un modelo multiplicativo, al pasar de una estación a otra, los coeficientes del modelo de tendencia se multiplican por el factor estacional correspondiente, de forma que el modelo es un abanico de líneas, parábolas en el actual ejemplo, que se cortan sobre el eje de abscisas. En la Fig. 2.22. presenta la situación para el ejemplo de los usuarios de un transporte público y muestra como el valor modelizado para cada estación se sitúa sobre su correspondiente parábola.

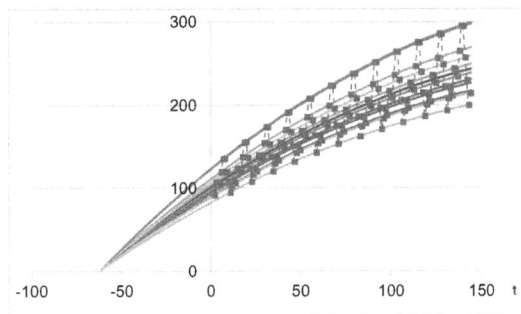

Fig. 2.22. Serie modelizada (■) y líneas de los modelos de cada estación

2.6   Caso general

Es evidente que la división en modelo estrictamente aditivo o estrictamente multiplicativo, es muy restrictiva, ya que puede darse el caso de que en algunas estaciones cambie sólo la pendiente, o sólo la ordenada en el origen. Esto constituiría un modelo mixto mucho más general que los propuestos hasta ahora, los cuales pasarían a ser meros casos particulares de éste.

En la Fig. 2.23. se presenta una situación de este tipo, con los datos cronológicos (•), los modelizados (■) y las rectas asociadas al modelo de cada estación. Los datos cronológicos muestran una estacionalidad de período 5, pero cada una de las cinco estaciones se sitúa sobre rectas divergentes, con lo cual no es un modelo aditivo. Este modelo tampoco es multiplicativo pues el cambio de pendientes y ordenadas en el origen no se mantiene proporcional, es decir, no tienen un punto común sobre el eje. Hay dos estaciones, la 2 y la 4, que siguen rectas prácticamente paralelas y que diverge ostensiblemente de la recta del modelo de la estación 1.

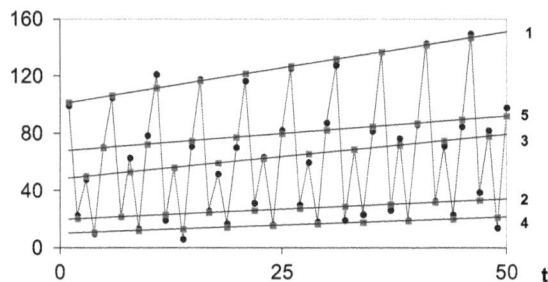

Fig. 2.23. Caso general

La metodología clásica, expuesta en este capítulo, no es capaz de modelizar una situación como la que se acaba de presentar. Por otra parte tampoco es capaz de dar significación estadística a los resultados, por ejemplo, si se desease determinar si un valor muy pequeño de un componente estacional puede ser atribuido al azar o es estadísticamente significativo, el método de descomposición clásica no sirve para dar respuesta a este problema. La modelización de una serie utilizando variables categóricas permite abordar todas estas situaciones, tal como se expone en el capítulo siguiente.

Capítulo 3

Modelización con variables categóricas

Tal como se ha comentado en el capítulo anterior, si hubiera estacionalidad, sería improcedente estimar el modelo de tendencia por procedimientos usuales de ajuste mínimo-cuadrático sobre los datos directos. Ello es debido a que se produciría una inflación de los residuos no atribuible a la aleatoriedad sino a la variabilidad ocasionada por el componente estacional. Para evitarlo, se pueden modelizar conjuntamente la tendencia y la estacionalidad con variables categóricas asociadas a cada estación, o bien desestacionalizar previamente la serie y ajustar, entonces, el modelo de tendencia como ya se ha expuesto.

La modelización conjunta, con variables categóricas, de la tendencia y la estacionalidad presenta como principal ventaja la generalidad del método. Por este procedimiento no es necesario, *a priori*, asumir un modelo aditivo o multiplicativo, sino que se plantea un modelo general que incluye todas las posibilidades.

3.1   Sistemática

Sea p el período estacional, es decir, el número de unidades de tiempo que conforman el patrón de comportamiento que se repite sistemáticamente. Cada uno de los valores del tiempo contenidos en p corresponde a una estación, la cual se designará por el subíndice s, tal que s = 1, 2, ..., p.

Cada variable categórica debe estar ligada biunívocamente a una estación. Dicha variable es un indicador que toma el valor 1 en la estación a la que está asociada y 0 en todas las demás. Las p variables categóricas definidas así presentan una dependencia lineal perfecta, puesto que la suma de todas ellas es siempre igual a 1. Por este motivo, no es necesario utilizar todas estas variables para identificar a qué estación se refieren, y es suficiente utilizar p−1. Así, utilizaremos variables categóricas ligadas a cada una de las estaciones excepto para la primera, que estará caracterizada por el hecho de que todas las variables categóricas consideradas toman el valor 0. Ésta es la razón por la cual con p−1 variables categóricas es suficiente para estudiar una serie de período p. Las variables categóricas, Q, quedan pues definidas como

$$\left.\begin{array}{ll} Q_j = 0 & j \neq s \\ Q_j = 1 & j = s \end{array}\right\} \quad \text{con} \quad s = 1, 2, \ ..., \ p \quad \text{y} \quad j = 2, \ ..., \ p$$

Con estas variables se plantea un modelo tipo

$$Y = \phi(t) + \sum_{j=2}^{p} \beta_j \, Q_j + \sum_{j=2}^{p} \gamma_j \, Q_j t + \varepsilon$$

donde $\phi(t)$ es una función polinómica del tiempo, o sea, $\phi(t) = \alpha_0 + \sum_{i=1}^{k} \alpha_i t^i$ que viene a recoger la tendencia, o evolución general a largo plazo de los datos con el tiempo, en términos del comportamiento de la primera estación. Los términos del grupo $\sum_{j=2}^{p} \beta_j \, Q_j$ indican los cambios que las distintas estaciones, componentes del período estacional, introducen en la ordenada en el origen del modelo con respecto al comportamiento del modelo para la primera estación. Mientras que los del grupo $\sum_{j=2}^{p} \gamma_j \, Q_j t$ representan la influencia de la estacionalidad sobre la función del tiempo.

El estudio de la significación de cada uno de los coeficientes α, β y γ, y la consiguiente eliminación de los no significativos conducirá al modelo que definitivamente explica el comportamiento de la serie.

Para desarrollar la metodología de las variables categóricas sobre un ejemplo, se van a utilizar los datos relativos a las ventas de material deportivo estudiados por el método clásico, para poder comparar posteriormente los resultados obtenidos. En la Tabla 3.I se vuelven a reproducir los datos de la serie cronológica, junto a los valores de las variables categóricas. La representación gráfica de los mismos ya se presentó en la Fig. 2.4., cuya observación condujo a pensar en una tendencia lineal creciente y una estacionalidad de período p = 4.

A fin de no confundir los dos efectos, se procede la creación de variables categóricas que identifiquen cada una de las cuatro estaciones, que en este ejemplo constituyen el período de repetición del patrón estacional. Por otra parte, suponiendo que hubiese ciclos, el intervalo de tiempo de recogida de datos es totalmente insuficiente para recogerlos, quedando su posible existencia enmascarada en los residuos.

En la Tabla 3.I están las variables categóricas Q_2, Q_3 y Q_4 cuya conjunción representa de forma unívoca cada trimestre. Se insiste en que no es necesaria Q_1, puesto que el primer trimestre es el que se toma como referencia con $Q_2 = Q_3 = Q_4 = 0$, y son los demás, que a través del indicador, aportarán la parte del efecto estacional correspondiente.

En este caso, al ser la tendencia rectilínea, se plantea el modelo

$$Y = \alpha_0 + \alpha_1 t + \beta_2 Q_2 + \beta_3 Q_3 + \beta_4 Q_4 + \gamma_2 Q_2 t + \gamma_3 Q_3 t + \gamma_4 Q_4 t + \varepsilon$$

Los valores estimados para los parámetros del modelo se muestran en la Tabla 3.II.

Tabla 3.I. Ventas de material deportivo

Año	Trimestre (s)	Ventas (Y)	Q_2	Q_3	Q_4	t
1	1	40,22	0	0	0	1
	2	54,89	1	0	0	2
	3	63,51	0	1	0	3
	4	111,35	0	0	1	4
2	1	46,95	0	0	0	5
	2	51,62	1	0	0	6
	3	61,47	0	1	0	7
	4	108,58	0	0	1	8
3	1	41,38	0	0	0	9
	2	65,30	1	0	0	10
	3	64,25	0	1	0	11
	4	113,82	0	0	1	12
4	1	53,34	0	0	0	13
	2	59,37	1	0	0	14
	3	66,15	0	1	0	15
	4	121,5	0	0	1	16
5	1	67,38	0	0	0	17
	2	56,09	1	0	0	18
	3	75,11	0	1	0	19
	4	124,39	0	0	1	20
6	1	55,90	0	0	0	21
	2	61,25	1	0	0	22
	3	75,44	0	1	0	23
	4	126,50	0	0	1	24

Los resultados del modelo lineal general evidencian que todos los términos del tipo $Q_j t$ inicialmente tienen un p-val superior a 0,05, por lo tanto, parecen no ser estadísticamente significativos. En esta situación hay que recalcular el modelo paso a paso. En primer lugar se prescinde del término de menor significación ($t \cdot Q_4$; p-val = 0,715). Si el modelo resultante todavía tiene términos no significativos, se prescinde del de menor significación (mayor p-val) y así sucesivamente hasta conseguir un modelo con todos los términos significativos (p-val < 0,05).

En este caso se ha llegado a la Tabla 3.III que contiene los resultados del ajuste del modelo definitivo, es decir, de

$$Y = \alpha_0 + \alpha_1 t + \beta_2 Q_2 + \beta_3 Q_3 + \beta_4 Q_4 + \varepsilon$$

Tabla 3.II. Resultados del modelo lineal general

	g.d.l.	S.C.	C.M.	F	p-val
Regresión	7	17166,997	2452,428	109,609	0,000
Residuos	16	357,988	22,374		
Total	23	17524,985			

	Coeficientes	Error típico	t	p-val
Ord. Origen	38,9463	3,660	10,640	0,000
Q2	15,7735	5,351	2,948	0,009
Q3	19,1936	5,535	3,468	0,003
Q4	65,6577	5,726	11,466	0,000
t	1,0832	0,283	3,832	0,001
t·Q2	-0,8026	0,400	-2,008	0,062
t·Q3	-0,3513	0,400	-0,879	0,393
t·Q4	-0,1485	0,400	-0,371	0,715

R^2 = 0,9796

Tabla 3.III. Resultados del modelo definitivo obtenido paso a paso

	g.d.l.	S.C.	C.M.	F	p-val
Regresión	4	17064,626	4266,157	176,073	0,000
Residuos	19	460,359	24,229		
Total	23	17524,985			

	Coeficientes	Error típico	t	p-val
Ord. Origen	42,5280	2,580	16,484	0,000
Q2	6,4674	2,846	2,273	0,035
Q3	15,2781	2,857	5,347	0,000
Q4	64,5555	2,876	22,447	0,000
t	0,7576	0,147	5,151	0,000

R^2 = 0,97373

Cabe destacar que el modelo resultante indica que la estacionalidad no modifica la pendiente de la recta, es decir, el incremento de las ventas año a año es el mismo para cada trimestre. Esto simplifica el caso al corresponder a un modelo aditivo puro, que puede ser, alternativamente, estudiado por la metodología de la descomposición clásica, tal como se ha hecho en el capítulo 2. Si alguno de esos términos hubiese resultado significativo el sistema clásico proporcionaría un modelo bastante precario.

Los gráficos de residuos y probabilístico Normal del modelo definitivo se presentan en la Fig. 3.1, y no presentan ninguna peculiaridad especial. En consecuencia queda validado el modelo obtenido.

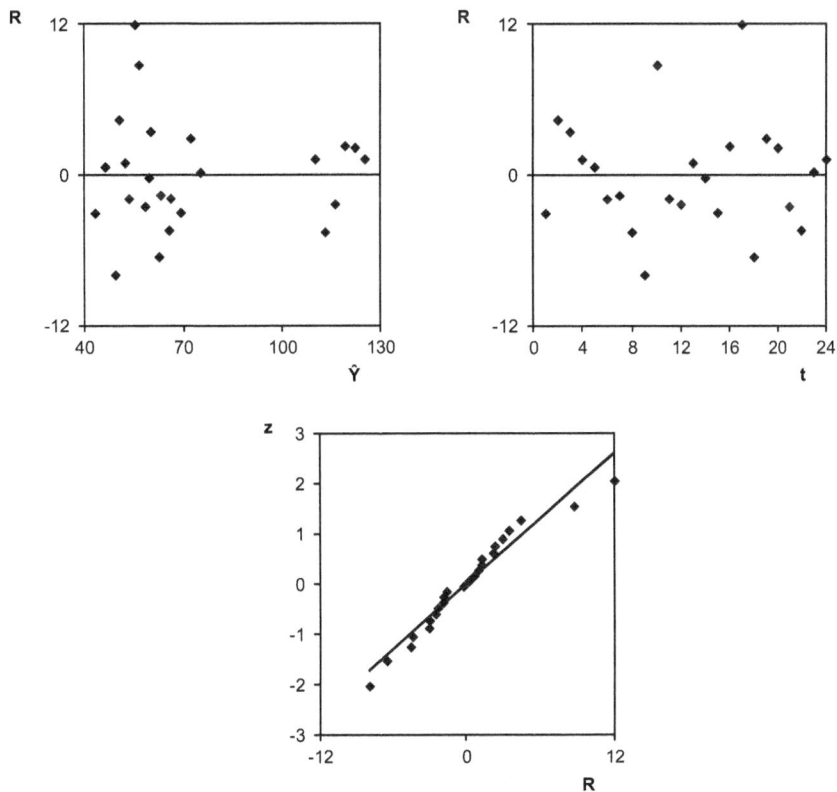

Fig. 3.1. Gráficos de los residuos del modelo

En resumen, el modelo que explica el comportamiento de la serie, y que va a ser utilizado para hacer previsiones de las ventas futuras, ha resultado ser

$$\tilde{Y}_t = 42,5280 + 0,7576\, t + 6,4674\, Q_2 + 15,2781\, Q_3 + 64,5555\, Q_4$$

Los coeficientes del modelo permiten identificar tendencia y estacionalidad. En cuanto a la primera, se detecta un incremento de las ventas de 0,7576 unidades cada unidad de tiempo (trimestre);

incremento que se mantiene constante sea cual fuere la estación. La estacionalidad sólo afecta a la ordenada en el origen de cada una de las cuatro estaciones (trimestres) que componen el período.

Tomando como referencia el primer trimestre, en el que $Q_2 = Q_3 = Q_4 = 0$, se observa que en él las ventas dependen del tiempo según la ecuación

$$\tilde{Y}_t = 42{,}5280 + 0{,}7576\, t \qquad \text{con} \quad t = 1 + k \cdot 4 \qquad k = 0, 1, \ldots$$

Para un tiempo de un segundo trimestre, los valores de las categóricas son $Q_2 = 1$ y $Q_3 = Q_4 = 0$ y el modelo es

$$\tilde{Y}_t = 42{,}5280 + 0{,}7576\, t + 6{,}4674 = 48{,}9954 + 0{,}7576\, t \quad \text{con} \quad t = 2 + k \cdot 4$$

Para un valor de tiempo de un tercer trimestre, las variables categóricas toman los valores $Q_3 = 1$ y $Q_2 = Q_4 = 0$ y el modelo es

$$\tilde{Y}_t = 42{,}5280 + 0{,}7576\, t + 15{,}2781 = 57{,}8061 + 0{,}7576\, t \quad \text{con} \quad t = 3 + k \cdot 4$$

En el cuarto trimestre, tenemos $Q_4 = 1$ y $Q_2 = Q_3 = 0$ y el modelo es

$$\tilde{Y}_t = 42{,}5280 + 0{,}7576\, t + 64{,}5555 = 107{,}0835 + 0{,}7576\, t \, \text{con} \quad t = 4 + k \cdot 4$$

Así, para cada trimestre (estación del período) se obtiene un modelo rectilíneo con la misma pendiente y distinta ordenada en el origen.

Esto se puede interpretar como que, tomando siempre como referencia el primer trimestre, en el segundo el volumen de ventas añade a la función del tiempo 6,4674 unidades, en el tercero el incremento es de 15,2782 y en el cuarto de 64,5555 unidades. Estos valores son, evidentemente, los coeficientes de las variables categóricas en el modelo.

Los coeficientes de las variables categóricas representan la cantidad en que una estación, sistemáticamente, supera (o no alcanza, según sea el signo) el valor de la primera estación del período. Estos coeficientes son una forma de medir el componente estacional referenciándolo a la primera estación, mientras que el sistema de descomposición clásica lo referencia a la media del período.

Para evaluar la bondad del ajuste del modelo, en la Fig. 3.2. se muestra la comparación de los valores medidos con los estimados a partir del modelo estimado, viéndose la buena concordancia entre ambos. Las diferencias entre ambos son los residuos estudiados en la Fig. 3.1.

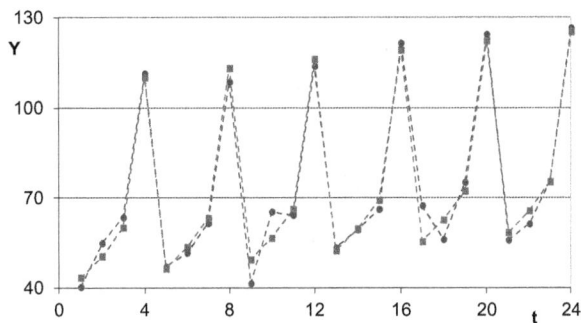

Fig. 3.2. Datos reales (•) y modelo ajustado (■)

La modelización tiene como objetivo principal el poder hacer previsiones para un futuro próximo. En este caso se decide calcular las previsiones para los próximos 2 años, sustituyendo los valores del tiempo y de las variables categóricas en el modelo obtenido. Los resultados se muestran en la Tabla 3.IV y en la Fig. 3.3.

Aquí se detecta la coherencia de la previsión con los datos históricos, siempre que no cambie el modelo de comportamiento de la serie en el período previsto. Esto podría ocurrir, por ejemplo, si hubiese una recesión económica, la apertura de otro comercio de similares características en las inmediaciones, el cambio de hábitos en la población, una campaña propagandística con éxito de la competencia, etc.

Tabla 3.IV. Previsiones para los próximos 2 años

$$\tilde{Y}_t = 42{,}5280 + 0{,}7576\,t + 6{,}4674\,Q_2 + 15{,}2781\,Q_3 + 64{,}5555\,Q_4$$

Año	t	Q_2	Q_3	Q_4	$\tilde{Y}_t$
7	25	0	0	0	61,4680
	26	1	0	0	68,6930
	27	0	1	0	78,2613
	28	0	0	1	128,2963
8	29	0	0	0	64,4984
	30	1	0	0	71,7234
	31	0	1	0	81,2917
	32	0	0	1	131,3267

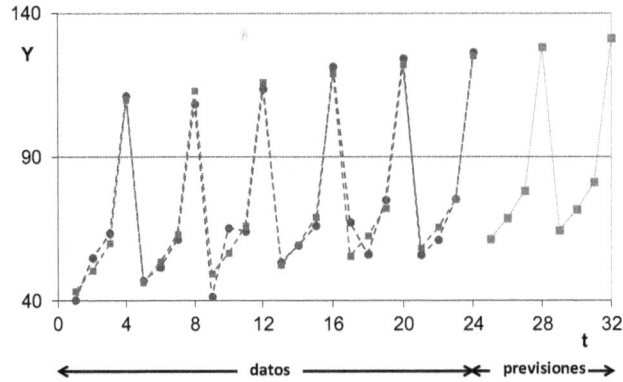

Fig. 3.3. Datos (●), modelo (■) y previsiones (■) para los dos años siguientes

3.2   Comparación del método de descomposición con el de variables categóricas

Se han expuesto dos métodos para la descomposición de la serie y ambos se han aplicado a un caso de modelo aditivo puro, es decir, en el que la estacionalidad no afecta a la pendiente de la recta de tendencia. El de variables categóricas, es más simple en cuanto a manipulación y cálculos, aunque, si el período tiene muchas componentes adquiere mayor aparatosidad por el número de variables categóricas que se manejan. El clásico, identificando los componentes del modelo por medio del uso de medias móviles, conduce a resultados similares, en un caso en que se insiste que es aditivo puro; en casos más generales la descomposición clásica no sería capaz de conseguir un buen modelo.

La comparación de ambos, sobre el ejemplo desarrollado, se presenta en las Fig. 3.4. y 3.5. La primera compara los resultados de los dos modelos dentro del período de recogida de información, la segunda confronta los valores de los residuos obtenidos mediante los dos sistemas. Ambos gráficos confirman la gran concordancia de los resultados.

En las Tablas 2.IX y 3.IV se han presentado las previsiones de ventas del material deportivo para los ocho trimestres siguientes a la recogida de información, obtenidas con los dos sistemas de modelización estudiados y siempre bajo el supuesto de que el comportamiento de la serie no va a cambiar en este período de tiempo. La Fig. 3.6. da idea de la casi coincidencia de las previsiones para las dos formas de análisis estudiadas.

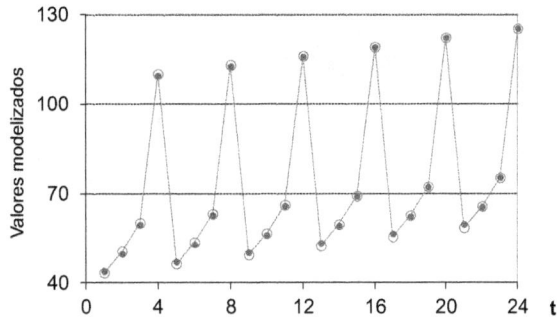

Fig. 3.4. Modelo por descomposición clásica (●) y por variables categóricas (○)

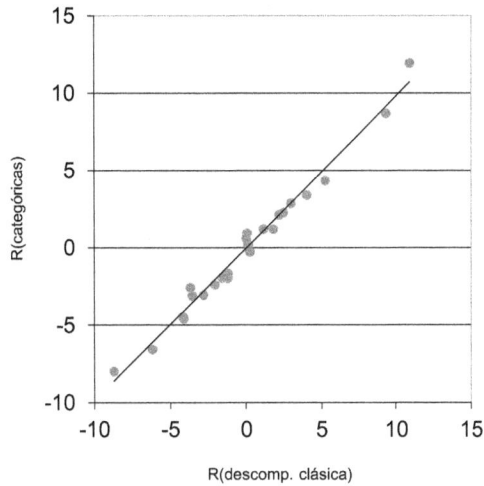

Fig. 3.5. Residuos de la descomposición frente a los de variables categóricas

Ya que el objetivo del sistema clásico es descomponer la serie como un modelo aditivo, o multiplicativo si fuere el caso, de tendencia, estacionalidad, ciclos y residuos, es necesario identificar cada componente.

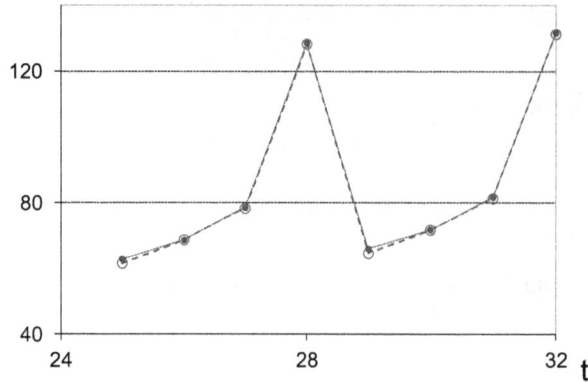

Fig. 3.6. Previsiones para los dos próximos años según la descomposición clásica (●) y las variables categóricas (○)

Haciendo referencia sólo a tendencia y estacionalidad, y considerando un modelo puramente aditivo, cual es el caso de los datos de las ventas de material deportivo, se trata de pasar del modelo en variables categóricas

$$\hat{Y}_t = \alpha_0 + \sum_{i=1}^{q} \alpha_i\, t^i + \sum_{j=2}^{p} \beta_j\, Q_j$$

a otro con sus componentes aisladas. En modelo aditivo, y suponiendo que los ciclos, caso de existir, no son identificables con los datos disponibles, sería

$$\hat{Y}_t = T_t + E_t$$

en este caso, después de estabilizar la serie, se habrá modelizado la tendencia como

$$T_t = a_0 + \sum_{i=1}^{q} \alpha_i\, t^i$$

Debido a que es posible tener dos contadores del tiempo, uno asociado al momento de toma de datos y otro que identifica la estación a la que pertenece el dato, cualquier instante t puede escribirse como $t = s + k \cdot p$ con $k = 0, 1, 2,$ y $s = 1, 2, ..., p$, es decir, t es un múltiplo del período, p, más el indicador de la estación, s. Así resulta...

$$\hat{Y}_t = T_t + E_t = a_0 + \sum_{i=1}^{q} \alpha_i\, t^i + E_s$$

donde $\sum_{s=1}^{p} E_s = 0$ ya que se ha definido cada componente estacional como la diferencia respecto la media del período.

Se asume que, en caso de modelo aditivo puro, los coeficientes asociados a las potencias del tiempo deben ser los mismos, sea cual fuere el procedimiento empleado para su estudio; en consecuencia, las posibles discrepancias entre los valores estimados por ambos métodos serán muy pequeñas.

Desarrollando las ecuaciones del modelo clásico y del de variables categóricas para s = 1, . . . , p, igualándolas para cada s se obtiene

$$\hat{Y}_{t=1+kp} = \alpha_0 + \sum_{i=1}^{q} \alpha_i t^i \qquad = a_0 + \sum_{i=1}^{q} \alpha_i t^i + E_1$$

$$\hat{Y}_{t=2+kp} = \alpha_0 + \sum_{i=1}^{q} \alpha_i t^i + \beta_2 = a_0 + \sum_{i=1}^{q} \alpha_i t^i + E_2$$

$$\vdots \qquad\qquad \vdots \qquad\qquad\qquad \vdots$$

$$\hat{Y}_{t=p+kp} = \alpha_0 + \sum_{i=1}^{q} \alpha_i t^i + \beta_p = a_0 + \sum_{i=1}^{q} \alpha_i t^i + E_p$$

y sumando miembro a miembro, resulta

$$p\,\alpha_0 + \sum_{j=2}^{p} \beta_j = p\,a_0 \quad \Rightarrow \quad a_0 = \alpha_0 + \frac{\sum_{j=2}^{p} \beta_j}{p}$$

de donde se deduce la expresión que da directamente la tendencia global, T, en función de los parámetros estimados en el modelo de variables categóricas

$$T_t = a_0 + \sum_{i=1}^{q} \alpha_i t^i = \alpha_0 + \frac{\sum_{j=2}^{p} \beta_j}{p} + \sum_{i=1}^{q} \alpha_i t^i$$

Para cualquier estación, s, componente del período p, el modelo en variables categóricas puede escribirse como

$$\hat{Y}_t = \alpha_0 + \sum_{i=1}^{q} \alpha_i\, t^i + \beta_s \qquad \text{con} \quad s = 1, ..., p \qquad t = s + k\cdot p \qquad k = 0, 1, ...$$

al ser la estacionalidad $E = \hat{Y}_{t=s+kp} - T_{t=s+kp}$, restando las dos últimas expresiones de $\hat{Y}_t$ y T_t resulta

$$E_s = \beta_s - \frac{\sum_{j=2}^{p} \beta_j}{p}$$

Para el caso del ejemplo del material deportivo, p = 4, con variables categóricas se obtuvo el modelo

$$\tilde{Y}_t = 42,5280 + 0,7576\, t + 6,4674\, Q_2 + 15,2781\, Q_3 + 64,5555\, Q_4$$

del cual resulta $\dfrac{\sum_{j=2}^{4} \beta_j}{4} = 21,57525$. A partir de este modelo la ecuación pura de la tendencia, o esqueleto de la serie, es

$$T_t = \alpha_0 + \frac{\sum_{j=2}^{p} \beta_j}{p} + \sum_{i=1}^{q} \alpha_i\, t^i = 42,5280 + 21,57525 + 0,7576\, t = 64,10325 + 0,7576\, t$$

Cuando, a partir de la estabilización por medias móviles, se estimó el modelo de tendencia (sistema clásico) el resultado fue

$$T_t = 63,0065 + 0,8311\, t$$

Es evidente que ambos resultados, procedentes de técnicas de modelización distintas, son muy parecidos; su similitud ya ha quedado puesta de manifiesto en las comparaciones gráficas de modelos, residuos y previsiones de las Figs. 3.4., 3.5. y 3.6.

En cuanto a los valores de la estacionalidad, referidos a la media general, es decir, según los define el modelo clásico, se obtiene

$$E_1 = 0 - 21,57525 \qquad\qquad = -21,57525$$

$$E_2 = 6,46475 - 21,57525 \qquad = -15,10785$$

$$E_3 = 15,2781 - 21,57525 \qquad = -\ 6,29715$$

$$E_4 = 64,5555 - 21,57525 \qquad = \ \ 42,98025$$

comprobándose que $\sum_{s=1}^{4} E_s = 0$.

Estos valores, como era de esperar, son muy similares a los obtenidos por la descomposición clásica (Capítulo 2), que resultaron ser −20,6426; −15,5836; −6,5264 y 42,7526, respectivamente.

Como resumen, se puede reiterar la gran similitud de valores de los coeficientes del modelo de tendencia y de los índices estacionales obtenidos por los dos métodos desarrollados.

Esta concordancia es buena para un caso como el que se acaba de estudiar, que se podría etiquetar como modelo aditivo puro. Si se hubiera dado la circunstancia de una serie donde la estacionalidad hubiese afectado a la tendencia de distinta forma en cada componente del período, es decir, variando ya la pendiente, ya la ordenada en el origen, la descomposición clásica no hubiese conseguido modelizarla correctamente.

Es por todo ello por lo que se puede afirmar que la modelización global con variables categóricas es un procedimiento mucho más general para el estudio del comportamiento de una serie temporal y la realización de previsiones.

3.3   Caso usuarios de un teléfono

En la Tabla 3.V. se exponen unos datos cronológicos correspondientes al número de usuarios de un teléfono de atención al cliente de lunes a viernes, recogidos durante las 12 primeras semanas de puesta en marcha del servicio.

En la Fig. 3.7. se muestra la evolución de la demanda de utilización de este servicio, y se observa que la simplicidad del método clásico de considerar la serie aditiva o multiplicativa, no está nada clara pues el patrón estacional ni se mantiene constante ni se amplifica sistemáticamente.

Tabla 3.V. Usuarios del teléfono de atención al cliente

t	Y	t	Y	t	Y	t	Y
1	99,30	16	117,66	31	127,52	46	149,66
2	65,27	17	52,67	32	30,42	47	34,13
3	48,27	18	63,96	33	92,71	48	118,31
4	20,58	19	40,85	34	60,22	49	64,06
5	75,17	20	76,12	35	88,61	50	106,09
6	104,76	21	116,48	36	136,60	51	150,28
7	58,96	22	52,86	37	32,16	52	25,74
8	67,18	23	79,80	38	104,76	53	114,62
9	28,44	24	44,25	39	60,62	54	74,64
10	83,71	25	88,39	40	93,53	55	106,34
11	121,13	26	125,34	41	142,92	56	149,02
12	51,52	27	46,45	42	33,34	57	29,06
13	64,30	28	80,05	43	103,53	58	121,42
14	25,60	29	50,67	44	68,86	59	76,33
15	76,50	30	94,03	45	92,50	60	114,29

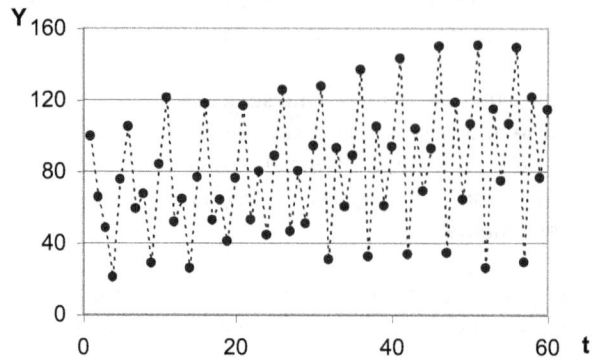

Fig. 3.7. Evolución cronológica de la demanda

Es natural que de haber estacionalidad, ésta sea de período 5, correspondiente a posibles diferencias de utilización de dicho servicio en los distintos días de la semana. La observación del gráfico confirma esta estacionalidad. En cuanto a la tendencia, tampoco se ve muy claro si la hay; si se observan los datos del primer día de cada semana (lunes) parece que haya un crecimiento sostenido de la demanda, mientras que viendo el comportamiento de los martes (Tabla 3.V) la tendencia es a una disminución. Si sólo se dispusiese del método clásico de descomposición sería imposible analizar esta situación, ya que la tendencia general, allí definida como esqueleto de la serie, debería mantenerse más o menos constante, hecho que no concuerda con el comportamiento individual del día a día.

Para aplicar el método de análisis con variables categóricas hay que definir 4 variables, Q_2, Q_3, Q_4 y Q_5, que conjuntamente identificarán cada uno de los cinco días de la semana. En la Tabla 3.VI, se muestra un fragmento de los valores de dichas variables asociados a los datos disponibles.

Tabla 3 VI. Variables categóricas

t	Y	Q_2	Q_3	Q_4	Q_5
1	99,3	0	0	0	0
2	65,27	1	0	0	0
3	48,27	0	1	0	0
4	20,58	0	0	1	0
5	75,17	0	0	0	1
6	104,76	0	0	0	0
7	58,96	1	0	0	0
8	67,18	0	1	0	0
9	28,44	0	0	1	0
10	83,71	0	0	0	1
11	121,13	0	0	0	0
12	51,52	1	0	0	0
...	...	...	...	...	...

El modelo inicial que debe plantearse es del tipo

$$Y = \alpha_0 + \alpha_1 t + \beta_2 Q_2 + \beta_3 Q_3 + \beta_4 Q_4 + \beta_5 Q_5 + \gamma_2 Q_2 t + \gamma_3 Q_3 t + \gamma_4 Q_4 t + \gamma_5 Q_5 t + \varepsilon$$

y los resultados de la estimación mínimo cuadrática de los coeficientes se muestran en la Tabla 3.VII. De ella se deduce que el término $t\, Q_4$ no es significativo (p-val > 0,05) y debe ser eliminado del modelo. Al recalcular el nuevo modelo se obtienen los resultados mostrados en la Tabla 3.VIII.

Tabla 3.VII. Resultados del modelo lineal inicial

	g.d.l.	S.C.	C.M.	F	p-val
Regresión	9	73631,982	8181,331	355,132	0,000
Residuos	50	1151,873	23,037		
Total	59	74783,855			

	Coef.	Error típico	t	p-val
Ord. Origen	101,580	2,675	37,978	0,000
Q2	-38,364	3,832	-10,012	0,000
Q3	-53,757	3,882	-13,849	0,000
Q4	-83,296	3,933	-21,179	0,000
Q5	-31,512	3,985	-7,908	0,000
t	0,941	0,080	11,718	0,000
t·Q2	-1,636	0,114	-14,408	0,000
t·Q3	0,385	0,114	3,387	0,001
t·Q4	0,106	0,114	0,935	0,354
t·Q5	-0,288	0,114	-2,539	0,014

$R^2 = 0,9846$

Tabla 3.VIII. Resultados del modelo lineal definitivo

	g.d.l.	S.C.	C.M.	F	p-val
Regresión	8	73611,831	9201,479	400,398	0,000
Residuos	51	1172,023	22,981		
Total	59	74783,855			

	Coef.	Error típico	t	p-val
Ord. Origen	100,067	2,127	47,038	0,000
Q2	-36,851	3,469	-10,622	0,000
Q3	-52,244	3,524	-14,824	0,000
Q4	-80,110	1,964	-40,780	0,000
Q5	-29,999	3,637	-8,247	0,000
t	0,994	0,057	17,529	0,000
t·Q2	-1,689	0,098	-17,198	0,000
t·Q3	0,331	0,098	3,376	0,001
t·Q5	-0,341	0,098	-3,476	0,001

$R^2 = 0,9843$

El modelo que explica el comportamiento de la serie presenta un elevado grado de ajuste ($R^2 = 98,43\%$) y, según los coeficientes de la Tabla 3.VIII, toma la expresión:

$$\tilde{Y}_t = 100,067 - 36,851\, Q_2 - 52,244\, Q_3 - 80,110\, Q_4 - 29,999\, Q_5 + 0,994\, t - 1,689\, t\, Q_2 +$$

$$+\, 0,331\, t\, Q_3 - 0,341\, t\, Q_5$$

La Fig. 3.8., presenta el modelo ajustado junto a los datos, y la Fig. 3.9. los residuos del modelo. Se observa que los residuos no presentan ningún patrón de comportamiento sistemático que pudiera invalidar el modelo.

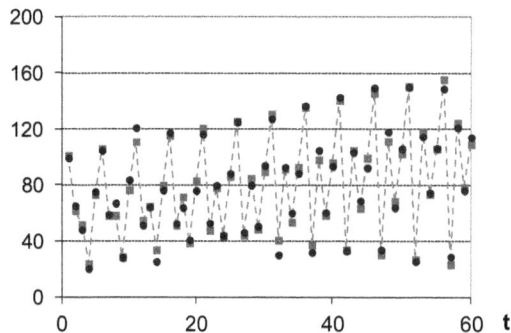

Fig. 3.8. Datos experimentales (●) y modelo ajustado (■)

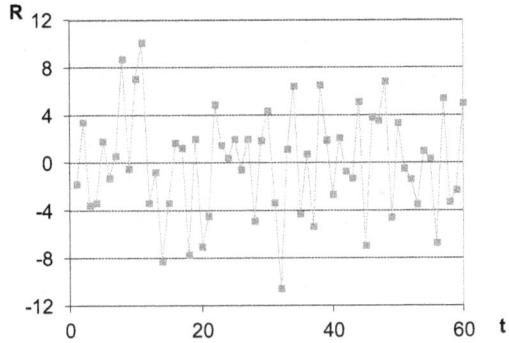

Fig. 3.9. Residuos del modelo: $R = Y - \tilde{Y}$

La interpretación del modelo obtenido, se puede hacer determinando la ecuación de previsión asociada a cada uno de los días de la semana, es decir, a cada componente de la estación.

Lunes	s=1	$Q_2 = Q_3 = Q_4 = Q_5 = 0$	$\tilde{Y}_t = 100{,}067 + 0{,}994\,t$	t =5k+1
Martes	s=2	$Q_3 = Q_4 = Q_5 = 0$; $Q_2 = 1$	$\tilde{Y}_t = 63{,}216 - 0{,}695\,t$	t =5k+2
Miércoles	s=3	$Q_2 = Q_4 = Q_5 = 0$; $Q_3 = 1$	$\tilde{Y}_t = 47{,}823 + 1{,}325\,t$	t =5k+3
Jueves	s=4	$Q_2 = Q_3 = Q_5 = 0$; $Q_4 = 1$	$\tilde{Y}_t = 19{,}957 + 0{,}994\,t$	t =5k+4
Viernes	s=5	$Q_2 = Q_3 = Q_4 = 0$; $Q_5 = 1$	$\tilde{Y}_t = 70{,}068 - 0{,}341\,t$	t =5k+5

En la Fig. 3.10., se pueden observar las cinco rectas que componen el modelo, sobre el fondo de los datos experimentales. Cada recta, a la derecha del gráfico, lleva el indicador estacional que le corresponde (lunes: s =1; martes: s = 2 ...).

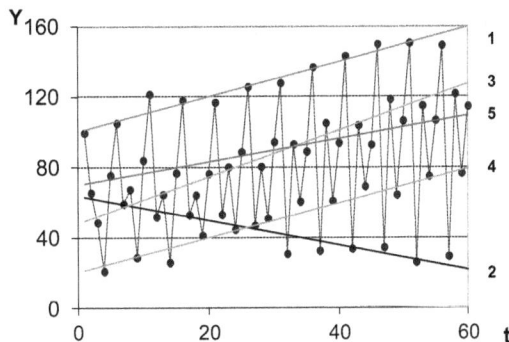

Fig. 3.10. Datos y modelos asociados a cada día de la semana.

De la ecuación del modelo general, y del estudio de este gráfico se puede concluir que la tendencia común indica un aumento sostenido de usuarios que se evalúa en un incremento de 0,994 usuarios al día (coeficiente de t en el modelo).

Al ser las rectas 1 y 4 paralelas (en el modelo ha desaparecido el término tQ$_4$) el lunes y el jueves tienen la misma tendencia, es decir crecen a razón de 0,994 usuarios cada día. Por ejemplo, de un jueves al siguiente se estima un crecimiento de 0,994·5 = 4,970 usuarios.

El resto de días modifican esta velocidad de crecimiento según el coeficiente del término tQ$_i$ correspondiente. Cualquier día tiene un crecimiento neto igual a $\hat{\alpha}_1 + \hat{\gamma}_s$, por ejemplo la velocidad de crecimiento del martes es 1,689 unidades inferior a la del lunes, quedándole un crecimiento neto igual a 0,994 −1,689 = − 0,695, o sea los usuarios de los martes cada vez son menos y de un martes al siguiente se perderán 0,695·5 = 3,475 usuarios. Análogamente se deduce que el miércoles es el día que consigue un mayor aumento sistemático de usuarios (0,994 + 0,331 = 1,325) y el viernes también crece pero a menor velocidad que el lunes (0,994 − 0,341 = 0,652).

El valor $\hat{\beta}_5 = -29,999$ indica que parece que, originalmente, el viernes tiene 29,999 usuarios menos que el lunes; análogamente, los usuarios del servicio en el resto de días de la semana están por debajo del lunes: martes 36,851; miércoles 52,244 y jueves 80,110 usuarios menos que el lunes de la misma semana. En cuanto a miércoles y viernes, rectas 3 y 5, se puede decir que tienen un comportamiento similar. En los primeros días había algo más de usuarios el viernes que el miércoles, sin embargo, dicho número ha aumentado en ambos, pero con mayor velocidad el miércoles, de forma que actualmente éste ya supera al viernes.

Especial atención merece el martes, recta 2, ya que inicialmente tenía un número de usuarios situado, más o menos en el promedio de los otros días, pero ha sufrido un decrecimiento progresivo que actualmente lo sitúa en un valor muy inferior a los demás días de la semana, los cuales, en mayor o menor grado, han presentado un incremento de demanda de servicio.

Está claro que, en la práctica, una situación como esta requeriría un estudio en profundidad de las causas que han conducido a esta situación, quizás la persona que atiende la línea no es la misma, o hay mayores dificultades para establecer comunicación y el público deja de llamar los martes, ...

La obtención del modelo tiene como principal objetivo el poder hacer previsiones del comportamiento de la demanda del servicio durante los próximos días, a fin de programar un aumento del número de líneas telefónicas, del número de personas que atienden a los usuarios, plantearse una redistribución en el tiempo, etc. La tabla 3.IX muestra las previsiones para las dos semanas siguientes a la recogida de datos, junto a los valores del tiempo y de las variables categóricas, necesarios para substituir en el modelo general.

Tabla 3.IX. Previsiones para las dos semanas siguientes

t	Q2	Q3	Q4	Q5	$\tilde{Y}_t$
61	0	0	0	0	160,686
62	1	0	0	0	20,129
63	0	1	0	0	131,312
64	0	0	1	0	83,557
65	0	0	0	1	112,478
66	0	0	0	0	165,655
67	1	0	0	0	16,654
68	0	1	0	0	137,938
69	0	0	1	0	88,526
70	0	0	0	1	115,741

En la Fig. 3.11. se pueden observar los valores de las previsiones como extrapolación del modelo ajustado sobre los datos disponibles.

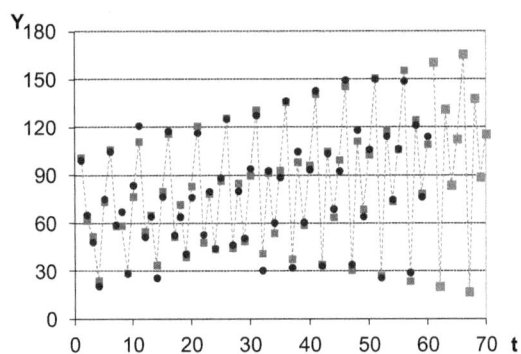

Fig. 3.11. Datos (●), modelo (■) y previsiones (■)

Dichas previsiones serán válidas siempre que se mantenga el modelo de comportamiento que han puesto de manifiesto los datos disponibles. Es evidente que si se encontrase la causa de la disminución de llamadas producida en los martes, y se corrigiese, habría que llevar a cabo una nueva recogida de información, para elaborar los modelos correspondientes y hacer previsiones en la nueva situación.

Capítulo 4

Autocorrelación

En este capítulo se presenta una herramienta de análisis, el correlograma, o representación gráfica de la función de autocorrelación, que tiene una doble utilidad. Por una parte, puede servir para confirmar la presencia de estacionalidad y determinar su período; por otra, indica cuántas previsiones son admisibles, a partir del último tiempo de recogida de información.

El concepto de autocorrelación es bien simple; supongamos que se dispone de la serie cronológica $Y_1, Y_2, ... , Y_t, ..., Y_N$, y se desplaza dicha serie k unidades de tiempo. Ahora se pueden formar las parejas $(Y_1; Y_{1+k})$, $(Y_2; Y_{2+k})$, $(Y_3; Y_{3+k})$, ..., $(Y_{N-k}; Y_N)$. La Fig. 4.1. muestra gráficamente este concepto.

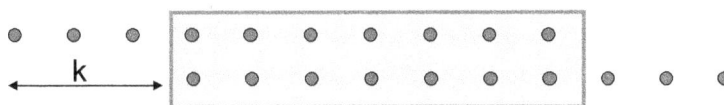

Fig. 4.1. Concepto de coeficiente de autocorrelación de orden k

El coeficiente de correlación entre ambas series, es decir, de las parejas citadas, se denota por ρ_k y recibe el nombre de coeficiente de autocorrelación de orden k; el desplazamiento k, también se denomina retardo y representando gráficamente ρ_k en función del retardo k, se obtiene el autocorrelograma de la serie. De la estructura del planteamiento se deduce que $\rho_k = \rho_{-k}$.

4.1   Correlograma

Un valor no nulo de ρ_k indica que existe correlación entre informaciones separadas k unidades de tiempo, es decir, la información se transmite k unidades de tiempo más allá. En consecuencia, si el último valor del tiempo del que se disponen datos es T, será admisible hacer previsiones para un tiempo igual a T+k. Evidentemente, si ρ_k fuese nulo, y los coeficientes de autocorrelación para retardos mayores también, sería inadmisible una predicción para T+k, ya que los datos disponibles no transmiten ninguna información relevante a una distancia como la considerada.

Sea que se dispone de una serie cronológica de datos Y_1, Y_2, ..., Y_t, ..., Y_N,   para elaborar el correlograma, o gráfico de la función de autocorrelación, se estiman las siguientes características:

o   Media $\hat{m} = \overline{Y} = \dfrac{\displaystyle\sum_{i=1}^{N} Y_i}{N}$

o   Autocovariancias $\hat{\gamma}_k = \dfrac{\displaystyle\sum_{i=1}^{N-k} (Y_i - \overline{Y})\ (Y_{i+k} - \overline{Y})}{N}$ $k = 0, 1, ..., N{-}1$

o   Autocorrelaciones $\hat{\rho}_k = r_k = \dfrac{\hat{\gamma}_k}{\hat{\gamma}_0}$

para poder estimar la autocovariancia, γ_k, el número de componentes de la serie debe ser tal que N > k+1, siendo recomendable $N \geq 50$ y $k \leq N/4$.

Para identificar los coeficientes de autocorrelación que sean significativamente distintos de cero, hay que estudiar el comportamiento estadístico de los estimadores. Bartlett indica que si $\rho_k = 0$ para todo $k \geq K$, la variancia del estadístico r_k es

$$V(r_k) \cong \frac{1}{N} \sum_{-(K-1)}^{K-1} \rho_i^2 \qquad \text{para todo } k \geq K$$

al sustituir ρ_i por su estimador, r_i, y dado que $\rho_0 = 1$ y $\rho_i = \rho_{-i}$, resulta que la estimación de la variancia de r_k es igual a

$$\hat{V}(r_k) \cong \frac{1}{N} \sum_{-(K-1)}^{K-1} r_i^2 \ \Rightarrow \ \begin{cases} V(r_k) \cong \dfrac{1}{N} & k \geq K \quad K = 1 \\[3mm] V(r_k) \cong \dfrac{1}{N}\left(1 + 2\displaystyle\sum_{1}^{K-1} r_i^2\right) & k \geq K \quad K > 1 \end{cases}$$

Anderson indica que para valores de k tales que $\rho_k = 0$ y N suficientemente grande, r_k se distribuye aproximadamente $N(0; V(r_k))$. De esta forma, con una probabilidad del orden del 95%, si $\rho_k = 0$, su estimador r_k se encontrará en el intervalo $\pm 2S(r_k)$, donde $S(r_k)$ representa la desviación tipo estimada de r_k, es decir $S(r_k) = \sqrt{\hat{V}(r_k)}$.

El intervalo ± 2 S(r_k) se denomina intervalo de no significación de ρ_k, y es el conjunto de valores que puede tomar r_k para, que con un riesgo del 5%, se pueda admitir la ausencia de correlación entre valores de la serie desplazados k unidades de tiempo. Al calcular el correlograma de una serie, es bueno representarlo gráficamente junto al intervalo ± 2 S(r_k) con objeto de considerar únicamente como coeficientes de autocorrelación no nulos aquellos cuya estimación esté fuera del citado intervalo.

Otra información, que en ocasiones puede deducirse del correlograma, es la existencia de un comportamiento estacional en la serie, así como la posibilidad de determinar la longitud del período. Esto ocurre cuando se detecta un patrón sistemático, y de longitud constante, en los valores de los coeficientes de autocorrelación.

Como aplicación se va a analizar la serie cronológica de la Tabla 4.I y Fig. 4.2., que corresponde al número de motocicletas fabricadas en España desde enero de 1997 hasta abril de 2012. Fuente: Boletín Mensual de Estadística del INE.

Tabla 4.I. Fabricación de motocicletas (Fuente: INE)

t	Y	t	Y	t	Y	t	Y	t	Y	t	Y	t	Y	t	Y	t	Y
1	2170	25	4494	49	4208	73	6107	97	9772	121	16675	145	7821	169	4796
2	8075	26	5875	50	5775	74	8317	98	10733	122	13462	146	5959	170	4121
3	7295	27	5865	51	11616	75	8582	99	15211	123	17450	147	8099	171	5596
4	3361	28	5481	52	11250	76	6469	100	15857	124	14313	148	6464	172	4771
5	2541	29	5330	53	9668	77	7707	101	12589	125	13093	149	6948	173	3496
6	3261	30	5801	54	8139	78	4613	102	12306	126	11185	150	4507	174	4167
7	2064	31	4688	55	8533	79	5347	103	12999	127	11437	151	5072	175	4336
8	55	32	644	56	750	80	141	104	1307	128	1223	152	555	176	430
9	1614	33	4066	57	2620	81	3853	105	5894	129	8438	153	4806	177	3343
10	4696	34	3959	58	3750	82	5473	106	6507	130	11423	154	2637	178	3020
11	3648	35	4625	59	4558	83	5822	107	11323	131	9022	155	3174	179	2768
12	1218	36	3805	60	4162	84	6137	108	8257	132	5869	156	4633	180	2116
13	2104	37	7616	61	1752	85	8588	109	14435	133	13123	157	5628	181	3319
14	2370	38	8042	62	5282	86	10201	110	16704	134	15962	158	8265	182	3752
15	2347	39	8337	63	8052	87	11632	111	18607	135	13833	159	9942	183	4403
16	2753	40	5932	64	9719	88	10439	112	12486	136	15958	160	7589	184	2888
17	3230	41	6047	65	9560	89	11815	113	15662	137	14006	161	7405		
18	4080	42	6420	66	5482	90	12568	114	13703	138	12548	162	7715		
19	6614	43	4886	67	5549	91	8729	115	12059	139	8697	163	6898		
20	1939	44	1176	68	553	92	375	116	1386	140	291	164	252		
21	7282	45	5947	69	4700	93	4718	117	7923	141	4722	165	3171		
22	6954	46	6953	70	3707	94	4781	118	10085	142	6085	166	3435		
23	6535	47	6773	71	5363	95	8597	119	10934	143	6406	167	5678		
24	3611	48	2528	72	4410	96	4867	120	8337	144	4103	168	4706		

En la Tabla 4.II se presenta el detalle del cálculo de las autocorrelaciones para los casos de k = 0, k = 1 y k = 2, de los valores de la Tabla 4.I. En primer lugar es necesario calcular la media de todos los datos

$$\hat{m} = \overline{Y} = \frac{1}{184}\ (2170 + \ldots + 2888) = 6647{,}9565$$

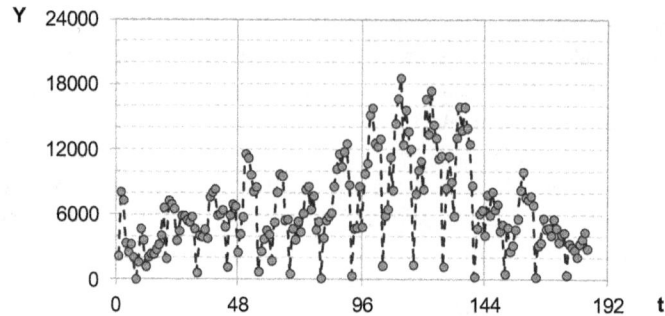

Fig. 4.2. Evolución del número de motocicletas fabricadas en España

Tabla 4.II. Detalle del cálculo de las autocorrelaciones de la Tabla 4.I.

	t	1	2	3	4	...	183	184
k = 0	Y	2170	8075	7295	3361		4403	2888
	Y − Ȳ	-4477,96	1427,04	647,04	-3286,96	...	-2244,96	-3759,96
k = 1	Y		2170	8075	7295	...	3752	4403
	Y − Ȳ		-4477,96	1427,04	647,04	...	-2895,96	-2244,96
k = 2	Y			2170	8075	...	3319	3752
	Y − Ȳ			-4477,96	1427,04	...	-3328,96	-2895,96

Las estimaciones de las autocovariancias y autocorrelaciones se obtienen como

$$\hat{\gamma}_0 = \frac{1}{184}\ \sum_{1}^{184}(Y_i - \overline{Y})^2 = \frac{(-4477{,}96)^2 + \ldots + (-3759{,}96)^2}{184} = 16566784{,}8$$

$$\hat{\gamma}_1 = \frac{1}{184}\ \sum_{1}^{183}(Y_i - \overline{Y})(Y_{i+1} - \overline{Y}) =$$

$$= \frac{(-4477{,}96) \cdot 1427{,}04 + \ldots + (-2244{,}96) \cdot (-3759{,}96)}{184} = 11504677{,}0$$

$$r_1 = \hat{\rho}_1 = \frac{\hat{\gamma}_1}{\hat{\gamma}_0} = \frac{11504677{,}0}{16566784{,}8} = 0{,}6912$$

$$\hat{\gamma}_2 = \frac{1}{184} \sum_1^{182} (Y_i - \overline{Y})(Y_{i+2} - \overline{Y}) =$$

$$= \frac{(-4477,96) \cdot 647,04 + ... + (-2895,96) \cdot (-3759,96)}{184} = 9205429,9$$

$$r_2 = \hat{\rho}_2 = \frac{\hat{\gamma}_2}{\hat{\gamma}_0} = \frac{9205429,9}{16643617,8} = 0,5531 \qquad \text{etc.}$$

Consecuentemente, las desviaciones tipo estimadas para r_1, r_2 y r_3 son:

$$S(r_1) = \sqrt{\frac{1}{N}} = \sqrt{\frac{1}{184}} = 0,074$$

$$S(r_2) = \sqrt{\frac{1}{N}\left(1 + 2 \cdot r_1^2\right)} = \sqrt{\frac{1 + 2 \cdot 0,6912^2}{184}} = 0,1031$$

$$S(r_3) = \sqrt{\frac{1}{N}\left(1 + 2\left(r_1^2 + r_2^2\right)\right)} = \sqrt{\frac{1 + 2(0,6912^2 + 0,5531^2)}{184}} = 0,1181$$

y los intervalos $\pm 2\, S(r_k)$ son, respectivamente, $\pm 0,1474$ y $\pm 0,2062$ para $k = 1$ y $k = 2$.

En consecuencia, con un riesgo del 5%, ρ_1 y ρ_2 pueden ser significativamente distintos de cero ya que tanto r_1 como r_2 están fuera del intervalo de no significación.

Analizando los 184 valores de la serie completa, para desplazamientos de orden k desde 1 hasta 45, se obtienen los valores resumidos en la Tabla 4.III y presentados en la Fig. 4.3. De estos resultados, se verifica que el último coeficiente de autocorrelación significativamente distinto de cero es el correspondiente a k = 24, es decir, a partir de k = 24 ya se puede considerar ρ_k como nulo, por lo tanto no es admisible hacer previsiones separadas en más de 24 unidades de tiempo del último momento de recogida de datos, o sea, a 2 años vista. Además, este correlograma tiene un patrón gráfico que se repite cada 12 unidades, es decir, se trata de una serie de período igual a 12; situación nada extraña en unos datos mensuales y que indica un comportamiento estacional asociado a los meses del año.

Tabla 4.III. Valores de las autocorrelaciones e intervalo de no significación.

k	γ_k	r_k	r_k^2	$V(r_k)$	$S(r_k)$	$-2S(r_k)$	$+2S(r_k)$
0	16643617,8						
1	11504677,0	0,6912	0,4778	0,0054	0,0737	-0,1474	0,1474
2	9205429,9	0,5531	0,3059	0,0106	0,1031	-0,2062	0,2062
3	6602443,1	0,3967	0,1574	0,0140	0,1181	-0,2362	0,2362
4	5879280,9	0,3532	0,1248	0,0157	0,1252	-0,2503	0,2503
5	2081482,7	0,1251	0,0156	0,0170	0,1305	-0,2609	0,2609
6	1807906,6	0,1086	0,0118	0,0172	0,1311	-0,2622	0,2622
7	1928581,1	0,1159	0,0134	0,0173	0,1316	-0,2632	0,2632
8	5023040,3	0,3018	0,0911	0,0175	0,1322	-0,2643	0,2643
9	5128604,6	0,3081	0,0950	0,0185	0,1358	-0,2717	0,2717
10	7196677,8	0,4324	0,1870	0,0195	0,1396	-0,2792	0,2792
11	8554863,3	0,5140	0,2642	0,0215	0,1467	-0,2934	0,2934
12	11681358,9	0,7019	0,4926	0,0244	0,1562	-0,3123	0,3123
13	8045299,9	0,4834	0,2337	0,0297	0,1725	-0,3449	0,3449
14	6225689,8	0,3741	0,1399	0,0323	0,1797	-0,3594	0,3594
15	3817547,1	0,2294	0,0526	0,0338	0,1839	-0,3677	0,3677
16	3108583,9	0,1868	0,0349	0,0344	0,1854	-0,3708	0,3708
17	-319683,5	-0,0192	0,0004	0,0348	0,1864	-0,3729	0,3729
18	-321747,5	-0,0193	0,0004	0,0348	0,1864	-0,3729	0,3729
19	-221165,8	-0,0133	0,0002	0,0348	0,1865	-0,3729	0,3729
20	2490632,1	0,1496	0,0224	0,0348	0,1865	-0,3729	0,3729
21	2495392,5	0,1499	0,0225	0,0350	0,1871	-0,3742	0,3742
22	4465166,8	0,2683	0,0720	0,0353	0,1878	-0,3755	0,3755
23	6026151,3	0,3621	0,1311	0,0360	0,1898	-0,3797	0,3797
24	8799955,6	0,5287	0,2796	0,0375	0,1936	-0,3871	0,3871
25	5339891,5	0,3208	0,1029	0,0405	0,2012	-0,4025	0,4025
...	...	...	...	...	...	...	...

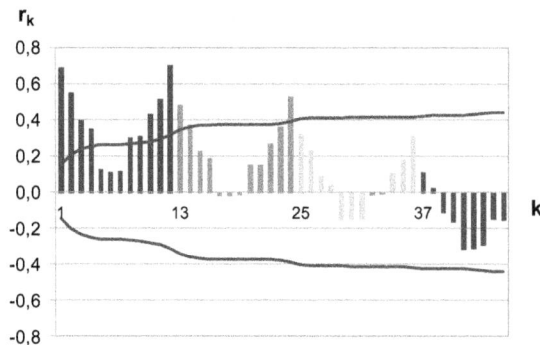

Fig. 4.3. Correlograma de la fabricación de motocicletas

4.2   Interpretación de los correlogramas

A continuación se van a analizar los correlogramas de las distintas series de datos tratadas hasta ahora.

La Fig. 4.4. muestra el correspondiente a la evolución del índice IBEX35 que se presentó en la Fig. 1.2.

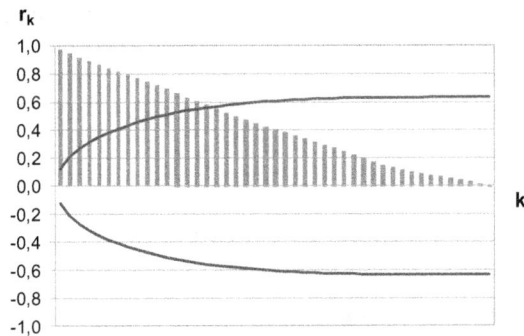

Fig. 4.4. Correlograma del índice IBEX35

Este correlograma indica que, si se dispusiese de un buen modelo para explicar el comportamiento de la serie sería posible hacer previsiones para los próximos dieciséis días.

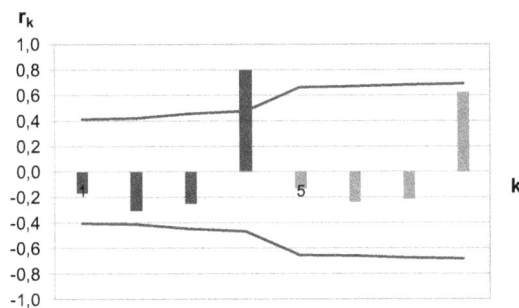

Fig. 4.5. Correlograma de las ventas de material deportivo

El correlograma de las ventas trimestrales de material deportivo (Tabla 2.I y Fig. 2.4.) es el gráfico de la Fig. 4.5. y confirma la estacionalidad de período cuatro, ya que cada cuatro barras de autocorrelación se repite la misma estructura de comportamiento. En este caso es posible hacer previsiones a cuatro trimestres vista, ya que para k = 4 el coeficiente de autocorrelación es significativamente distinto de cero, aunque no lo sean los de k = 1, 2 y 3. Este hecho se puede interpretar como que la información de un trimestre se transmite directamente hasta una distancia temporal de cuatro trimestres, sin que afecte el comportamiento de los tres trimestres intermedios. Así, por ejemplo, una vez conocidas las ventas de invierno, se podría hacer la previsión para el invierno próximo puesto que lo que ocurra en primavera, verano y otoño no afectará sensiblemente al invierno siguiente. Después de analizar este gráfico se concluye que de las 8 previsiones realizadas para esta serie en los capítulos anteriores, sólo 4 son válidas. De todas formas, este correlograma está hecho con muy pocos datos, lo que reduce su credibilidad.

La Fig. 4.6. corresponde al correlograma de las temperaturas medias mensuales en la ciudad de Terrassa (Tabla 2.X y Fig. 2.10.). Confirma una estacionalidad de período 12 e indica que se podrían hacer previsiones a 18 meses vista. Sin embargo, en este caso, se ha dado la circunstancia de que el modelo ajustado indica que las temperaturas medias cambian de un mes a otro (componente estacional) pero no evolucionan temporalmente (el modelo de tendencia es una constante). Por ejemplo, según el modelo todos los meses de enero tendrán la misma temperatura media a la que habrá que añadir, evidentemente, el componente aleatorio. Así mientras no haya un cambio climático significativo el modelo se mantiene constante a lo largo del tiempo. La aparente contradicción mostrada por el correlograma, dando como último coeficiente de autocorrelación significativo el decimoctavo, podría atribuirse a la pérdida de robustez en la estimación de ρ_k por la disminución del número de datos incluidos en las estimaciones al aumentar k.

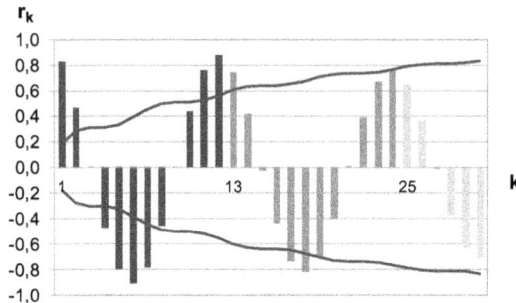

Fig. 4.6. Correlograma de las temperaturas medias mensuales.

La Fig. 4.7. muestra el correlograma de los usuarios de un transporte público (Tabla 2.XIV y Fig. 2.15.), confirma la estacionalidad de período 12 y autoriza a realizar previsiones hasta un tiempo separado 14 meses de la última recogida de información.

En la figura se observa que la información de un mes afecta directamente al resto de meses del mismo grupo de 12 (todos son significativos); es decir, si bien es cierto que se puede predecir el número de usuarios para dentro de un año, lo que ocurra en los meses venideros puede afectar esta previsión, por tanto interesa incorporar los datos disponibles lo más rápidamente posible al modelo para mayor fiabilidad de las previsiones.

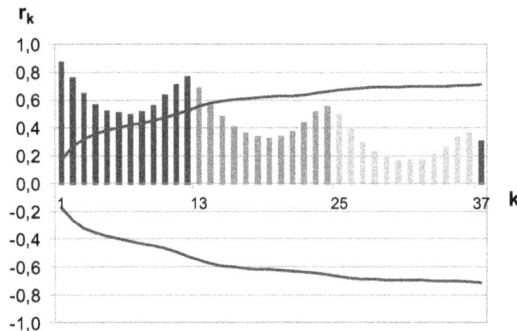

Fig. 4.7. Correlograma de los usuarios de un transporte público.

En la Fig. 4.8. se presenta el correlograma de los usuarios del teléfono de atención al público (Tabla 3.V y Fig. 3.7.). El gráfico confirma el período de longitud 5 e indica la posibilidad de hacer 15 previsiones a partir del último dato recogido. Al aceptar como significativamente distinto de cero el coeficiente de autocorrelación asociado a un retardo de 15 unidades (ρ_{15}), y vista la estructura del correlograma, podría plantearse la posibilidad de que también lo fuera ρ_{20}. Por el número de datos disponibles no es recomendable hacer el gráfico para desplazamientos tan elevados así que si no hay más información no sería conveniente ir más allá en las previsiones.

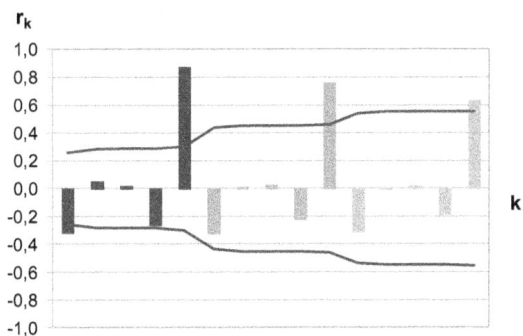

Fig. 4.8. Correlograma de los usuarios de teléfono.

Capítulo 5

Otras técnicas: Ponderación exponencial

Cuando la serie presenta componente estacional y tendencia que se mantienen de forma sostenida a lo largo de todo el período de recogida de datos, se han expuesto dos formas de modelizarla y poder hacer previsiones: la descomposición clásica y las variables categóricas. Sin embargo, son frecuentes las situaciones en que la tendencia, caso de existir, puede ser de difícil modelización a través de un simple modelo polinómico de menor o mayor grado. Podría entonces pensarse en un modelo de evolución que cambia a lo largo del tiempo; en estos casos las técnicas asociadas a la metodología de la ponderación exponencial son útiles para hacer previsiones sobre la evolución futura.

5.1   Suavizado exponencial simple

La ponderación exponencial, o suavizado exponencial simple, es otra técnica destinada, también a estabilizar la serie eliminando, en lo posible, la influencia del componente aleatorio. Para ello se construye una nueva serie, la serie suavizada S_t, a partir de los datos iniciales, Y_t, tal que

$$S_t = \lambda Y_t + (1-\lambda)S_{t-1} \quad \text{con} \quad 0 < \lambda < 1.$$

Para que la serie suavizada quede definida, es necesario concretar los valores de S_0, que generalmente se considera igual a Y_1, y el del coeficiente de ponderación λ. En la selección del valor de λ se pueden emplear distintos criterios de minimización de errores que se expondrán a continuación.

Sustituyendo repetitivamente S_{t-1}, S_{t-2}, ... por su expresión de S_t, se obtiene:

$$S_t = \lambda \ Y_t + \lambda(1-\lambda) \ Y_{t-1} + \lambda(1-\lambda)^2 \ Y_{t-2} + \ ... + \lambda(1-\lambda)^i \ Y_{t-i} +$$

$$.... + \lambda(1-\lambda)^{t-1} \ Y_1 + (1-\lambda)^t \ S_0 = \lambda \sum_{i=0}^{t-1} (1 - \lambda)^i \ Y_{t-i} + (1 - \lambda)^t \ S_0$$

El valor de S_t es utilizado como previsión para el tiempo siguiente: $\tilde{Y}_{t+1} = S_t$.

El análisis de la expresión anterior permite interpretar este tipo de suavizado, de forma que el valor de Y previsto para el período t+1, es decir S_t, se obtiene como promedio ponderado de los valores reales que ha presentado la serie cronológica desde el inicio de la recogida de información (los coeficientes que afectan a todos y cada uno de los datos suman la unidad). La discrepancia entre los valores obtenidos y los previstos, $Y_{t+1} - S_t$, es atribuible al componente aleatorio y, también, a posibles cambios bruscos en el comportamiento de la serie, es lo que se denomina error de previsión.

El coeficiente de ponderación λ juega el siguiente papel: cuanto mayor sea su valor, tanto más peso da a los valores recientes, en detrimento de los antiguos; mientras que valores de λ muy pequeños dan gran peso a la historia (reciente) y poca importancia a los últimos valores.

Así, si la serie se mantiene estable, serán interesantes valores del coeficiente de ponderación que amortigüen la oscilación aleatoria, dando pesos similares a todos los datos, mientras que si la serie presenta cambios bruscos, la serie suavizada tardaría mucho en detectarlos si su λ fuese pequeña, mientras que respondería prontamente a ellos con valores altos del coeficiente λ.

Analizando la expresión del valor suavizado, para distintos valores de λ, se puede escribir, por ejemplo,

$$\lambda = 0,10 \Rightarrow \qquad \tilde{Y}_5 = S_4 = 0,10 \ Y_4 + 0,09 \ Y_3 + 0,081 \ Y_2 + 0,729 \ Y_1$$

$$\lambda = 0,30 \Rightarrow \qquad \tilde{Y}_5 = S_4 = 0,30 \ Y_4 + 0,21 \ Y_3 + 0,147 \ Y_2 + 0,343 \ Y_1$$

$$\lambda = 0,50 \Rightarrow \qquad \tilde{Y}_5 = S_4 = 0,50 \ Y_4 + 0,25 \ Y_3 + 0,125 \ Y_2 + 0,125 \ Y_1$$

$$\lambda = 0,90 \Rightarrow \qquad \tilde{Y}_5 = S_4 = 0,90 \ Y_4 + 0,09 \ Y_3 + 0,009 \ Y_2 + 0,001 \ Y_1$$

Es decir, con un valor del factor de ponderación $\lambda = 0,10$, la previsión para t = 5 está constituida por un 10% del valor observado en t = 4, un 9% del de t = 3, un 8,1% del de t = 2 y un 72,9 % del de t = 1; o sea con un valor pequeño de λ, la previsión está formada mayoritariamente por el conjunto de los valores más antiguos.

Cuando λ es igual a 0,30 los pesos aplicados a cada valor recogido están más uniformemente repartidos, y cuando es grande, por ejemplo $\lambda = 0,90$, el mayor componente de la previsión es el último valor observado, teniendo los demás un valor de ponderación tanto más pequeño cuanto más alejados estén en el tiempo.

El suavizado exponencial no es un método alternativo a la modelización clásica por descomposición o al modelo en variables categóricas, sino que tiene su parcela de aplicación cuando los otros métodos no son aconsejables. En el caso en que el número de datos de la serie no sea muy elevado (sólo hubiese información disponible en un tiempo reciente), la modelización clásica podría ser inviable ya que con las medias móviles se pierde tanta más información, al principio y final de la serie, cuanto mayor sea su período estacional. Análogamente, con variables categóricas el modelo puede requerir un gran número de términos exigiendo una cantidad de datos que puede superar a los disponibles. También, una serie con cambios de tendencia, más o menos bruscos, se puede modelizar por métodos derivados del suavizado exponencial y no podría hacerse ni por descomposición ni por variables categóricas.

Como se verá más adelante, cuando la serie tiene tendencia, el suavizado exponencial simple no es capaz de obtener un modelo que permita hacer previsiones más allá del tiempo inmediato siguiente al de la recogida de datos. Este tipo de suavizado tampoco sirve en casos en que haya estacionalidad.

Para solucionar estos inconvenientes, se han desarrollado técnicas basadas en el suavizado exponencial, que permiten incorporar un modelo de tendencia o bien una componente estacionaria; éstas son las técnicas de Brown, para el primer caso, o de Winters para el segundo.

5.2   Selección del factor de ponderación

Tal como se ha expuesto, en función del valor del factor de ponderación λ, se puede dar mayor o menor peso a la historia, y detectar con más o menos rapidez cambios bruscos en la serie; es por ello que la selección del valor más adecuado de λ es crucial en el éxito de la modelización de la serie y previsión de valores futuros.

Todos los métodos utilizados para esta selección se basan en minimizar alguna función de los errores de previsión; el error de previsión en un punto sabemos que es igual a $Y_t - \tilde{Y}_t = Y_t - S_{t-1}$

Las funciones de los errores más destacables son:

Error medio: Promedio de los errores de previsión, que atendiendo a que para hacer previsiones hay que disponer de datos, el primer valor previsto posible será el de $t = 2$

$$ME = \frac{\sum_{t=2}^{n}(Y_t - \tilde{Y}_t)}{n-1}$$

Error cuadrático medio: Promedio de los cuadrados de los errores de previsión

$$MSE = \frac{\sum_{t=2}^{n}(Y_t - \tilde{Y}_t)^2}{n-1}$$

Error absoluto medio: Promedio de los valores absolutos de los errores de previsión

$$MAE = \frac{\sum_{t=2}^{n} \left| Y_t - \tilde{Y}_t \right|}{n-1}$$

Media del porcentaje del error: Promedio de los errores de previsión relativos, expresados en porcentajes

$$MPE = \frac{\sum_{t=2}^{n} \frac{Y_t - \tilde{Y}_t}{Y_t} \cdot 100}{n-1}$$

Media del porcentaje de error absoluto: Promedio de los valores absolutos de los errores de previsión relativos, expresados en porcentajes

$$MAPE = \frac{\sum_{t=2}^{n} \frac{\left| Y_t - \tilde{Y}_t \right|}{Y_t} \cdot 100}{n-1}$$

Hay que insistir en que en una serie en la que el tiempo es t = 1, 2, ..., n, el suavizado exponencial no ofrece ninguna previsión para t = 1, y, por tanto, no existe error de previsión en este punto; consecuentemente, en este caso, siempre son promedios de n −1 valores.

De los errores expuestos, aquellos que no toman valor absoluto ni consideran los cuadrados de los errores, ME y MPE, tienen poco interés ya que, a causa de la compensación de valores positivos y negativos, pueden dar valores de los promedios muy próximos a cero aun cuando existan errores de previsión muy grandes. En general, se selecciona aquel valor de λ para el cual los valores del error absoluto medio y/o del cuadrático medio, MAE y MSE, alcancen los valores más bajos. Pero, dado que el error cuadrático medio es el que, en general, presenta mejores propiedades estadísticas, en este texto se va a atender a él para seleccionar definitivamente el coeficiente de ponderación λ.

Para interpretar la incidencia del factor de ponderación λ sobre la modelización de la serie, vamos a considerar tres casos con series de 70 observaciones cada una.

Caso 1

La serie de datos se presenta en la Fig. 5.1. junto a las series suavizadas obtenidas con distintos valores del factor de ponderación (λ = 0,05; λ = 0,3 y λ = 0,9), así como la evolución del MSE (error cuadrático medio) en función de λ.

En la Fig. 5.1. se observa que se trata de una serie que sufre dos cambios muy bruscos a lo largo del tiempo de recogida de información: pasa de oscilar entorno a 10, a hacerlo alrededor de 20 para luego caer en la zona del 15. En los períodos de tiempo en que se mantiene estable tiene una oscilación muy pequeña, es decir, un componente aleatorio muy pequeño. Para λ = 0,9 el MSE alcanza su mínimo valor. Así que en principio, el mejor modelo de suavizado para la serie completa es el correspondiente a λ = 0,9.

Si observamos las series suavizadas de la parte izquierda de la figura (que corresponden a los valores de λ destacados en el gráfico de la derecha) vemos que en el primer intervalo de estabilidad, los modelos de λ = 0,05 y λ = 0,3 prácticamente se confunden. Ello es debido a que al ser el componente aleatorio tan pequeño, todos los valores son muy similares a 10 y aunque λ = 0,05 dé mayor peso a los valores antiguos que λ = 0,3 no hay diferencias apreciables entre ambos modelos que siguen la tendencia de la serie estable (constante). Sin embargo, λ = 0,9 construye un modelo donde el mayor peso lo asume el último dato lo que implica que la previsión para el valor siguiente sea casi coincidente con el dato anterior, es decir, sigue fielmente la evolución aleatoria de los datos y no se estabiliza tanto como las anteriores.

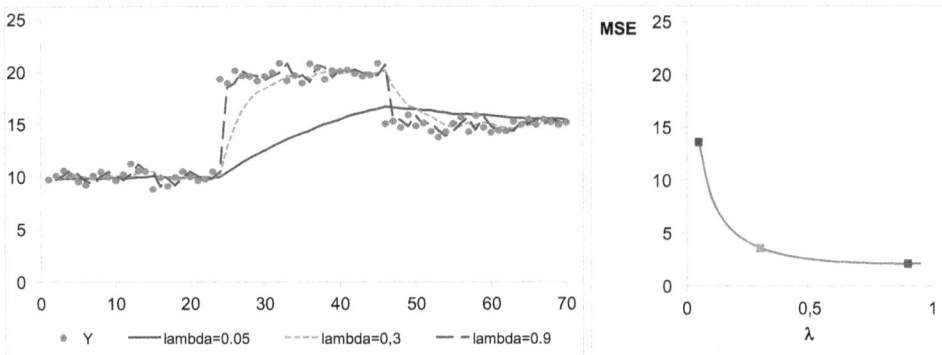

Fig. 5.1. Datos, series suavizadas y evolución del MSE.

En los segundos tramos (valores de Y alrededor de 20) se observa que con λ = 0,05 es tan grande el peso histórico que el modelo no es capaz de alcanzar la nueva posición en ningún punto del tramo; hacia la mitad del mismo, λ = 0,3 ya se ha situado razonablemente en la zona estable. Con λ = 0,9 el modelo alcanza inmediatamente a la serie pero sigue oscilando a voluntad del componente aleatorio. Al final del tercer tramo, valores estabilizados en 15, cuando λ es 0,05 el modelo casi alcanza el 15 al final del período, es decir ha conseguido compensar los iniciales de 10 con los centrales de 20 y ya ronda al 15. Pasado el primer tercio de datos de esta zona el modelo de λ = 0,3 ya se ha estabilizado y el de λ = 0,9 está bien situado desde el principio pero con toda la carga del componente aleatorio.

¿Cuál podría ser la conclusión de este caso? Pues es evidente que, si hay cambios bruscos en el modelo, es inadmisible suavizar con valores de λ muy pequeños y, globalmente, el mejor coeficiente de ponderación saldrá próximo a la unidad por su rápida adaptación a los cambios. Sin embargo, si el componente aleatorio es grande en comparación con la magnitud de los datos, hemos visto que valores de λ que contemplen más cantidad de información histórica dan lugar a modelos más estables y por tanto más fiables en el momento de hacer previsiones. Por todo ello sería aconsejable, en un caso como éste en que gráficamente ya se aprecian los saltos, no arrastrar toda la historia y modelizar sólo la serie en el último tramo, evidentemente a partir del momento en que ya se dispone de una cierta cantidad de información. En la misma Fig. 5.1. derecha puede verse que la diferencia entre los valores de MSE para λ = 0,5 y λ = 0,9 es muy pequeña.

Caso 2

La serie de datos se presenta en la Fig. 5.2 junto a las series suavizadas obtenidas con distintos valores del factor de ponderación (λ = 0,05; λ = 0,6 y λ = 0,9), así como la evolución del MSE en función de λ. En este caso, como en el anterior, se estudian las series suavizadas para 3 valores de λ que abarcan todo el intervalo e incluyen el que minimiza MSE.

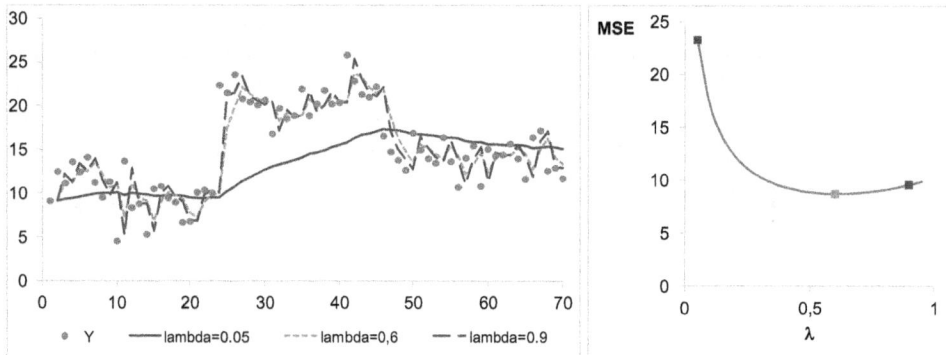

Fig. 5.2. Datos, series suavizadas y evolución del MSE.

Esta serie es similar a la anterior, muestra tres zonas claras, entorno a 10, 20 y 15, pero con una oscilación entorno a estos valores que no permite decidir si es que se trata de un componente aleatorio sensiblemente mayor que en el caso 1, o bien hay tendencias de evolución en cada zona (principalmente la zona central parece mostrar una cierta tendencia parabólica) y, además, el paso de la segunda a la tercera zona no es muy claro si es un cambio brusco de nivel o hay una tendencia rápida y sostenida hacia abajo. Ahora el valor óptimo de λ es 0,6, mucho más alejado de los extremos que el anterior y en este caso el suavizado correspondiente presenta una buena adecuación a los datos en todo el intervalo de tiempo. Este modelo, aunque similar al suavizado con λ = 0,9, es más estable frente a la oscilación aleatoria. Es decir, cuando la estabilidad queda en entredicho, ya sea por el componente aleatorio o por la existencia de tendencias, se pueden obtener modelos aceptables con λ alejadas de los extremos del intervalo [0; 1].

Caso 3

La serie de datos se presenta en la Fig. 5.3. ahora junto a las series suavizadas obtenidas con λ = 0,05, λ = 0,3 y λ = 0,9 y la evolución del MSE en función de λ.

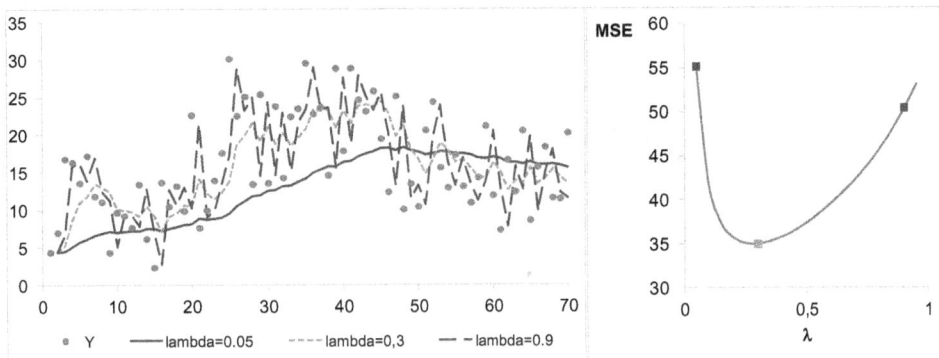

Fig. 5.3. Datos, series suavizadas y evolución del MSE.

Si ahora observamos los datos, y queremos compararlos con los de los dos casos anteriores, nos quedamos con la duda de si estamos de nuevo frente a las tres zonas situadas en 10, 20 y 15 con un componente aleatorio de valores considerables, o bien si hay una oscilación continua y ondulante a lo largo del tiempo.

En esta figura se observa que el valor de λ que minimiza MSE es $\lambda = 0,3$. La evolución de las series suavizadas, que hacen las veces de modelo para hacer previsiones, indica que cuando λ es muy pequeña la suavización no consigue alcanzar los datos reales debido al gran peso histórico atribuido al primer valor de la serie. Por el contrario cuando λ es 0,9 la suavizada coincide prácticamente con los datos desplazados una unidad de tiempo, o sea, la previsión para el instante t+1 es casi coincidente con Y_t; como ya se ha comentado a que casi todo el peso se da al último dato quedando la previsión absolutamente atada a este valor y a su componente aleatorio. Para el valor óptimo de λ vemos que la serie suavizada sigue el esqueleto de los datos pero con una gran amortiguación del componente aleatorio, es decir, parece un buen modelo para describir la serie y hacer previsiones.

Un nuevo caso es el que se presenta en la Tabla 5.I. y Fig. 5.4., que corresponde a una serie con pequeñas oscilaciones entorno a una clara tendencia lineal creciente y en la que no se aprecia ninguna estacionalidad.

Tabla 5.I.   Datos de una serie cronológica

t	Y_t	t	Y_t	t	Y_t	t	Y_t	t	Y_t
1	9,958	11	16,510	21	26,267	31	25,217	41	28,448
2	10,096	12	12,674	22	20,401	32	24,653	42	35,726
3	11,552	13	17,504	23	18,748	33	28,062	43	30,602
4	9,113	14	13,462	24	20,800	34	27,317	44	31,011
5	13,898	15	16,945	25	21,683	35	26,122	45	31,732
6	11,487	16	18,653	26	27,069	36	29,837	46	31,538
7	11,114	17	18,942	27	23,728	37	28,854	47	32,175
8	9,505	18	15,084	28	24,890	38	27,129	48	35,543
9	17,934	19	16,568	29	26,132	39	30,194	49	35,534
10	12,339	20	20,733	30	24,663	40	34,104	50	37,336

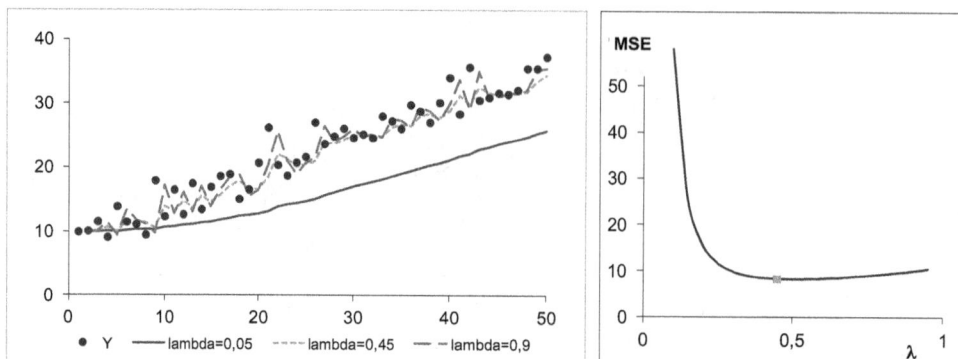

Fig. 5.4. Datos de la tabla 5.I, series suavizadas y evolución del MSE.

La Fig. 5.5. es el correlograma de la serie que pone de manifiesto la ausencia de estacionalidad, junto con una autocorrelación significativa hasta un retardo de 4 unidades de tiempo.

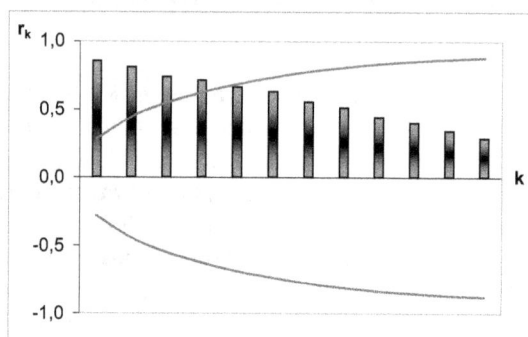

Fig. 5.5. Correlograma de la serie de la Tabla 5.I.

Aplicando la ponderación exponencial a estos datos, en función del valor λ, la evolución del MSE se muestra en la parte derecha de la Fig. 5.4. y conduce a decidir que la λ óptima de trabajo es 0,45.

Directamente se observa que, en este caso, para valores pequeños de λ la serie suavizada va por detrás de la real, es decir tarda mucho en responder a la evolución. Sin embargo, cuando λ = 0,90 la suavizada, como siempre, está totalmente ligada a la oscilación aleatoria de la serie, es decir, la previsión para el tiempo inmediato siguiente es prácticamente igual al último valor medido. Cuando λ = 0,45, valor para el que, en este ejemplo, ha resultado un error cuadrático medio mínimo, la serie suavizada exponencialmente sigue más claramente el esqueleto de la serie cronológica amortiguando la oscilación aleatoria.

La Fig. 5.6. muestra los residuos, $R_t = Y_t - \tilde{Y}_t = Y_t - S_{t-1}$, para tres valores de λ y es una forma alternativa de ver el comportamiento de los modelos suavizados analizados en la Fig. 5.4. En esta última se observa que para λ = 0,05 la mayoría de los residuos son positivos, es decir la previsión va por detrás del valor real, mientras que los de λ = 0,45 y los de λ = 0,90 oscilan alrededor del cero, es decir en algunos casos la previsión es superada por la realidad y en otros se queda corta. Los residuos para λ = 0,9 son sensiblemente mayores que los de λ = 0,45.

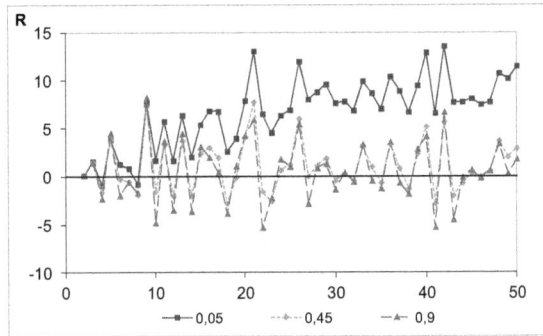

Fig. 5.6. Residuos en función de λ.

Para el valor del coeficiente de ponderación seleccionado, (λ = 0,45), se calculan los valores de la serie suavizada, (S_t = 0,45 · Y_t + 0,55 · S_{t-1}), las previsiones ($\tilde{Y}_t$ = S_{t-1}) y los residuos (R_t = $Y_t - \tilde{Y}_t$), cuyos valores se muestran parcialmente en la Tabla 5.III. En dicha tabla figuran, también, los valores previstos para los tiempos 51, 52 y 53, de los que ya no se dispone de datos.

La previsión para el siguiente valor del tiempo, t = 51, se calcula como

$$\tilde{Y}_{51} = S_{50} = \lambda\, Y_{50} + (1-\lambda)S_{49} = 0,45 \cdot 37,336 + 0,55 \cdot 34,414 = 35,729$$

La estimación para cualquier otro valor de t superior a éste, se tendrá que hacer tomando como Y_t el valor de la previsión, ya que no se dispone de datos reales, así

$$\tilde{Y}_{52} = S_{51} = \lambda\, \tilde{Y}_{51} + (1-\lambda)S_{50} = \lambda\, S_{50} + (1-\lambda)S_{50} = S_{50}$$

Es decir, con este sistema la previsión es idéntica para cualquier tiempo futuro, tal como se aprecia en las últimas filas de la Tabla 5.III. Ello evidencia que la previsión no concuerda con la evolución cronológica presente, Fig. 5.7., aunque dentro del período estudiado la serie suavizada sigue de forma muy razonable a los datos disponibles.

Tabla 5.II. Datos, previsiones y residuos.

t	Y_t	S_t	$\tilde{Y}_t$	R_t
1	9,958	9,958	−	−
2	10,096	10,020	9,958	0,138
3	11,552	10,709	10,020	1,532
•••	•••	•••	•••	•••
48	35,543	33,498	31,825	3,718
49	35,534	34,414	33,498	2,036
50	37,336	35,729	34,414	2,922
51	−	35,729	35,729	−
52	−	35,729	35,729	−
53	−	35,729	35,729	−

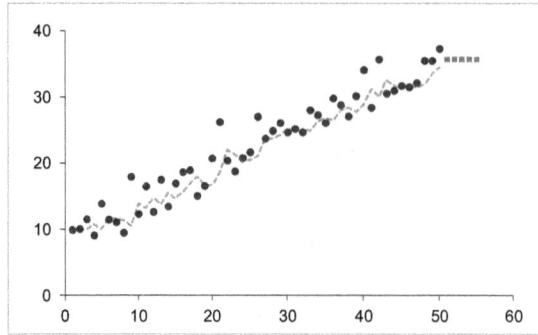

Fig. 5.7. Datos (•), suavizado (–) y previsión (■), con $\lambda = 0{,}45$.

Aquí se manifiesta la necesidad de incorporar, de alguna forma, la tendencia al suavizado exponencial, tal como hace el método de Brown que se expondrá en el apartado siguiente.

5.3   Método de Brown

Cuando la serie cronológica presenta tendencia, el suavizado exponencial simple no es capaz de incorporarla para poder hacer previsiones. Este problema fue abordado por Brown, elaborando la metodología necesaria para aunar a la ponderación exponencial la estimación de la tendencia. Así, supongamos una tendencia lineal tipo

$$Y_t = a + b\,t + \varepsilon$$

que puede interpretarse como un componente aleatorio (ε) unido a un modelo o previsión ($\tilde{Y}_t$), es decir, $\tilde{Y}_t = a + bt$.

En el apartado 5.1. se ha expuesto que la serie suavizada exponencialmente puede escribirse como

$$S_t = \lambda \sum_{i=0}^{t-1} (1-\lambda)^i\, Y_{t-i} + (1-\lambda)^t\, S_0$$

y substituyendo en ella Y_{t-i} por su expresión de tendencia, $Y_{t-i} = a + b\,(t-i)$, se obtiene

$$S_t = \lambda \sum_{i=0}^{t-1} (1-\lambda)^i \left[a + b(t-i)\right] + (1-\lambda)^t S_0 =$$

$$= \lambda\,(a+bt) \sum_{i=0}^{t-1} (1-\lambda)^i - \lambda b \sum_{i=0}^{t-1} i\,(1-\lambda)^i + (1-\lambda)^t S_0$$

Considerando que se dispone de suficiente información como para considerar que t es grande, la convergencia de las series anteriores es tal que

$$\sum_{i=0}^{t-1} (1-\lambda)^i \rightarrow \frac{1}{\lambda} \qquad \sum_{i=0}^{t-1} i\,(1-\lambda)^i \rightarrow \frac{1-\lambda}{\lambda^2} \qquad y \quad (1-\lambda)^t \rightarrow 0$$

en consecuencia, podemos considerar la aproximación

$$S_t = (a+b\,t) - \lambda b\,\frac{1-\lambda}{\lambda^2} = \tilde{Y}_t - \frac{1-\lambda}{\lambda}\,b$$

Se observa que la serie ponderada de unos datos cronológicos con tendencia lineal tiende a ser una recta paralela a los datos con un desplazamiento igual a $-\dfrac{1-\lambda}{\lambda}\,b$. Este desplazamiento es tanto menor cuanto mayor sea λ.

Análogamente, la serie resultante de volver a suavizar S_t, será

$$S_t^{(2)} = \lambda S_t + (1-\lambda)\,S_{t-1}^{(2)}$$

que, por desarrollo análogo al del primer suavizado, se puede expresar como

$$S_t^{(2)} = S_t - \frac{1-\lambda}{\lambda}\,b = \tilde{Y}_t - 2\,\frac{1-\lambda}{\lambda}\,b$$

Restando las expresiones de S_t y $S_t^{(2)}$ se obtiene la estimación, asociada al instante t, de la pendiente de la recta que ajusta la tendencia, tal como

$$\hat{b}_t = \frac{\lambda}{1-\lambda}\,\left(S_t - S_t^{(2)}\right)$$

Si se dispone de los valores de la serie hasta el tiempo t, se puede calcular la pendiente estimada en este instante, es decir, $\hat{b}_t$, que representa el incremento del valor de la serie por unidad de tiempo. En este momento, la **previsión** para un valor del tiempo igual a t + T, se puede obtener como el valor previsto para el tiempo t, más T veces $\hat{b}_t$, es decir

$$\tilde{Y}_{t+T} = \tilde{Y}_t + \hat{b}_t\,T$$

En la ecuación anterior $\tilde{Y}_t$ hace las veces de ordenada cuando se toma como origen del tiempo el valor t, es decir, equivale a $\hat{a}_t$.

A partir de esta consideración y de las expresiones del primer y segundo suavizado, se puede escribir

$$2\,S_t - S_t^{(2)} = 2\left[\tilde{Y}_t - \frac{1-\lambda}{\lambda}\,b\right] - \left[\tilde{Y}_t - 2\,\frac{1-\lambda}{\lambda}\,b\right] = \tilde{Y}_t = \hat{a}_t$$

Como consecuencia, a partir de los datos disponibles hasta un cierto instante se puede predecir el inmediato siguiente. De esta manera la serie cronológica formada por las previsiones (estimaciones) de Y, según el modelo lineal suavizado, estará constituida por los valores

$$\tilde{Y}_t = \hat{a}_{t-1} + \hat{b}_{t-1} \times 1 = \hat{a}_{t-1} + \hat{b}_{t-1}$$

y los residuos, o errores de ponderación, se podrán evaluar como

$$R_t = Y_t - \tilde{Y}_t$$

Cuando la última información disponible es la del tiempo t, y se desea hacer la previsión para T unidades de tiempo a partir de este instante, suponiendo que se mantenga el mismo comportamiento de la serie, la previsión será

$$\tilde{Y}_{t+T} = \hat{a}_t + \hat{b}_t\ T$$

Como ejemplo, se va a aplicar esta metodología a los datos de la Tabla 5.I. Para ello hay que dar valores a λ y, para cada valor de t, calcular S_t, $S_t^{(2)}$, $\hat{a}_t$, $\hat{b}_t$, $\tilde{Y}_t$ y R_t. La evolución de los errores en función de λ se muestra en la Fig. 5.8.

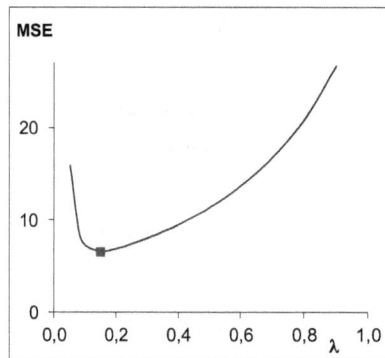

Fig. 5.8. Método de Brown: selección de λ a partir del MSE.

El factor de ponderación seleccionado es $\lambda = 0{,}15$; con el cual el método de Brown conduce a las ponderaciones que numéricamente se detallan, para los últimos datos en la Tabla 5.IV.

Las previsiones desde t = 51 hasta t = 54, (T = 1, ..., 4), que son las aceptables según indicó el correlograma de la Fig. 5.2., se obtienen a partir de la expresión de las previsiones, es decir

$$\tilde{Y}_{t+T} = \hat{a}_t + \hat{b}_t\ T = 35{,}794 + 0{,}549\ T$$

La evolución gráfica de la serie suavizada y las previsiones se muestran en la Fig. 5.9., donde se observa una muy buena concordancia entre los datos reales y los modelizados, y se aprecia que la previsión sigue la tendencia marcada por la serie cronológica real.

Tabla 5.IV. Ponderaciones con λ = 0,15 y tendencia líneal.

t	Y_t	S_t	$S_t^{(2)}$	$\hat{a}_t$	$\hat{b}_t$	$\tilde{Y}_t$
...	...	...	...	...	...	...
48	35,543	31,216	28,526	33,906	0,475	33,278
49	35,534	31,864	29,027	34,701	0,501	34,381
50	37,336	32,685	29,576	**35,794**	**0,549**	35,202

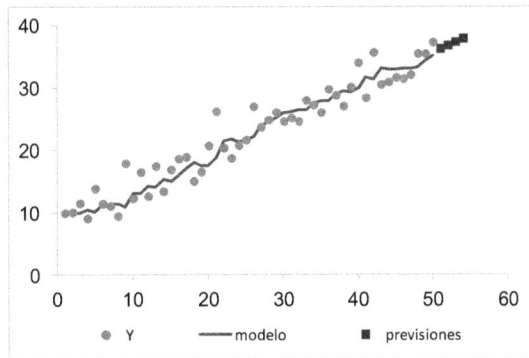

Fig. 5.9. Suavizado exponencial de Brown (•) y previsión (■), con λ = 0,15

La Fig. 5.10. contiene los residuos del modelo, o sea $R_t = Y_t - \tilde{Y}_t$ y da idea de la buena concordancia entre los datos reales y el modelo resultante del suavizado exponencial de Brown. Este hecho avala la veracidad de las previsiones siempre y cuando no se modifique el patrón de comportamiento que regía durante el período de recogida de datos.

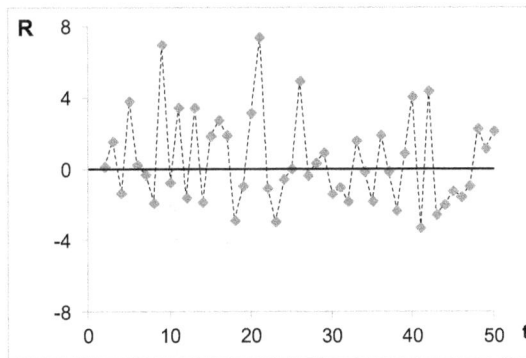

Fig. 5.10. Residuos.

5.4   Ejemplo

El Instituto Nacional de Estadística hace públicos en 2012 el número de titulados anuales en Ingeniería en Organización Industrial en España en los cursos académicos desde 2000/2001 hasta 2010/2011. Los datos se muestran en la Tabla 5.V y en la Fig. 5.9.

Tabla 5.V. Número de títulos obtenidos en Ingeniería de Organización Industrial

curso	00/01	01/02	02/03	03/04	04/05	05/06	06/07	07/08	08/09	09/10	10/11
titulados	463	552	735	652	711	747	777	769	847	882	834

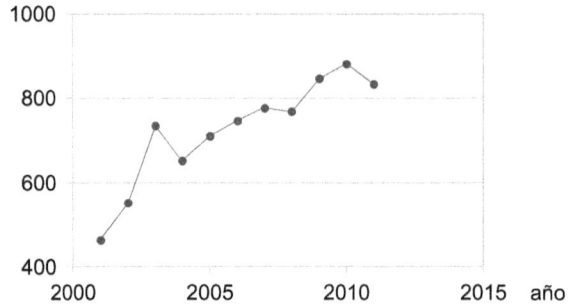

Fig. 5.9. Número de titulados cada curso

La serie tiene una clara tendencia, creciente en este caso, que aconseja utilizar el método de Brown para su modelización y el cálculo de previsiones posteriores.

En la Tabla 5.VI se muestra la evolución del error cuadrático medio (ECM) en función del parámetro λ y conduce a trabajar con $\lambda = 0,40$.

Por el bajo número de datos disponibles no es procedente realizar un correlograma, de esta forma las previsiones se reducirán, prudentemente, a una o dos unidades de tiempo (cursos académicos en este caso) a partir del último valor disponible. En la Tabla 5.VII se detalla todo el cálculo del modelo y de las previsiones.

Tabla 5.VII. Ponderaciones, modelo y previsiones con $\lambda = 0,40$

t	curso	Y_t	S_t	$S_t^{(2)}$	$\hat{a}_t$	$\hat{b}_t$	$\tilde{Y}_t$
1	00/01	463	463,00	463,00	463,00	0,00	
2	01/02	552	498,60	477,24	519,96	14,24	463,00
3	02/03	735	593,16	523,61	662,71	46,37	534,20
4	03/04	652	616,70	560,84	672,55	37,24	709,08
5	04/05	711	654,42	598,27	710,56	37,43	709,78
6	05/06	747	691,45	635,54	747,36	37,27	747,99
7	06/07	777	725,67	671,59	779,75	36,05	784,63
8	07/08	769	743,00	700,16	785,85	28,56	815,80
9	08/09	847	784,60	733,94	835,27	33,78	814,41
10	09/10	882	823,56	769,79	877,34	35,85	869,05
11	10/11	834	827,74	792,97	862,51	23,18	913,19
12	11/12						885,69
13	12/13						908,87

En la Fig. 5.10. se puede observar la evolución de los datos, el modelo ajustado y las previsiones para los dos cursos siguientes.

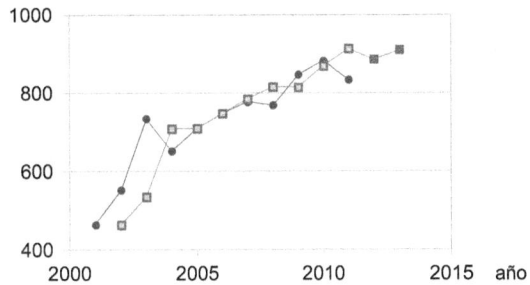

Fig. 5.10. Datos (●), modelo (□) y previsiones (■)

Esta serie tiene una tendencia creciente, y relativamente sostenida, durante todo el período de recogida de datos por lo tanto es lógico haber tenido que usar un coeficiente de ponderación que dé un peso similar a toda la información. En el último curso (2010/2011) el número de titulados ha descendido considerablemente, alejándose de lo que inicialmente se había previsto según modelo, descenso que no se sabe si es atribuible al azar o a un cambio de tendencia. La incorporación de este último dato hace que la primera previsión (2011/2012) esté por debajo de la anterior aunque superando los titulados del último curso. Sin embargo, el peso del crecimiento histórico empuja a que la segunda previsión (2012/2013) sea superior a la anterior. Esta situación pone de manifiesto el riesgo de hacer previsiones cuando se dispone de pocos datos y se está en una situación de evolución dudosa.

¿Qué ocurriría si se modelizase la serie de datos mediante el ajuste de una recta mínimo-cuadrática? El modelo resultante es $\hat{Y}_t = 516{,}582 + 34{,}645\, t$ con $R^2 = 0{,}8214$ y un nivel de significación del ajuste igual a 0,00012.

En la Fig. 5.11. se comparan los resultados de los ajustes y previsiones usando ambos métodos.

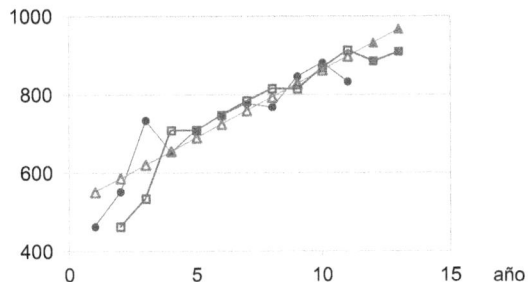

Fig. 5.11. Datos (●), modelo y previsiones por método de Brown (□; ■) y mediante regresión lineal (△; ▲)

El gráfico muestra claramente que la regresión lineal es el mejor ajuste a la tendencia a largo plazo, sin tener en cuenta los cambios que se puedan ir produciendo. Por este sistema de ajuste las previsiones siguen manteniendo un crecimiento sostenido insensible al cambio de comportamiento registrado en el último curso. El método de Brown, aun cuando mantiene un crecimiento, sufre una caída en la primera previsión como consecuencia del último dato desfavorable.

Este es un ejemplo que puede justificar el uso de técnicas de previsión mediante suavizado exponencial con el objetivo de adaptarse rápidamente a los posibles cambios en los patrones de comportamiento de los datos estudiados.

Capítulo 6

Otros ejemplos

En este capítulo se van a desarrollar algunos casos prácticos de aplicación de las técnicas propuestas anteriormente.

6.1   Consumo de gas natural y manufacturado

En el Boletín Mensual de Estadística. INE se encuentran los datos correspondientes al gas natural y manufacturado, medido miles de Tep (medida de energía = tonelada equivalente de petróleo), consumido mensualmente en España desde enero de 1995 hasta diciembre de 2011 (t = 1, ..., 204) que se presentan la tabla 6.I. En aras al interés pedagógico, se van a reservar los datos del último año (t = 193, ..., 204), con fondo gris en la tabla, para validar las previsiones realizadas a partir de la información de los años precedentes (t = 1, ..., 192). Estos datos están representados cronológicamente en la Fig. 6.1. junto con las medias móviles de período 12. Al ser datos mensuales y presentar estacionalidad lo más razonable es que ésta sea de período 12. El correlograma de la Fig. 6.2. confirma la existencia de estacionalidad de p = 12 e indica la posibilidad de hacer previsiones para hasta 25 meses a partir del último dato recogido.

Tabla 6.I. Consumo mensual de gas

t	Y	t	Y	t	Y	t	Y	t	Y	t	Y
1	688	37	905	73	1348	109	1632	145	1960	181	1634
2	607	38	868	74	1224	110	1563	146	1670	182	1508
3	631	39	857	75	1187	111	1643	147	1654	183	1458
4	502	40	777	76	1024	112	1397	148	1464	184	1116
5	524	41	705	77	1085	113	1310	149	1457	185	1120
6	488	42	705	78	896	114	1167	150	1217	186	964
7	449	43	712	79	949	115	1135	151	1464	187	931
8	347	44	539	80	742	116	982	152	1457	188	805
9	483	45	720	81	871	117	1187	153	1217	189	981
10	531	46	799	82	1029	118	1331	154	1352	190	1111
11	624	47	1034	83	1357	119	1682	155	1787	191	1460
12	675	48	1067	84	1496	120	1690	156	1935	192	1688
13	745	49	1035	85	1461	121	1855	157	1948	193	1633
14	714	50	1003	86	1264	122	1860	158	1783	194	1387
15	668	51	992	87	1289	123	1708	159	1661	195	1420
16	583	52	835	88	1174	124	1450	160	1445	196	969
17	572	53	811	89	1137	125	1334	161	1283	197	945
18	475	54	796	90	1027	126	1315	162	1191	198	837
19	517	55	747	91	1051	127	1241	163	1223	199	858
20	382	56	605	92	838	128	1066	164	926	200	709
21	548	57	800	93	1020	129	1309	165	1136	201	810
22	640	58	861	94	1118	130	1348	166	1335	202	1009
23	720	59	1224	95	1350	131	1732	167	1635	203	1257
24	759	60	1225	96	1479	132	1902	168	1691	204	1493
25	871	61	1306	97	1585	133	1919	169	1594		
26	678	62	1168	98	1565	134	1734	170	1377		
27	666	63	1128	99	1433	135	1585	171	1236		
28	654	64	951	100	1213	136	1164	172	1049		
29	617	65	950	101	1231	137	1228	173	933		
30	605	66	865	102	1123	138	1157	174	888		
31	602	67	816	103	1147	139	1161	175	933		
32	463	68	711	104	874	140	910	176	775		
33	607	69	948	105	1075	141	1162	177	937		
34	671	70	1037	106	1286	142	1135	178	1033		
35	802	71	1270	107	1458	143	1475	179	1181		
36	926	72	1169	108	1612	144	1802	180	1482		

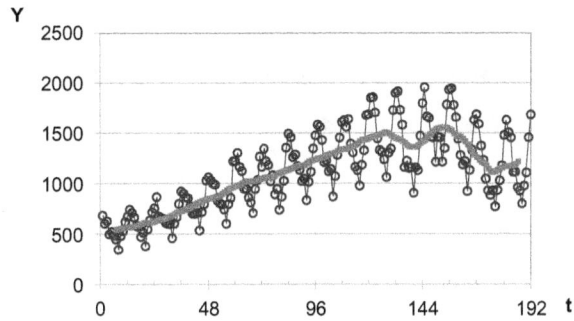

Fig. 6.1. Consumo mensual de gas (O) y medias móviles de período 12 (■)

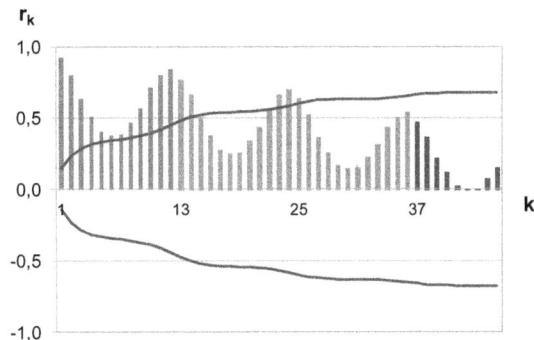

Fig. 6.2. Correlograma del consumo mensual de gas

Modelo 1 (1995 – 2010)

La evolución de las medias móviles puede sugerir un posible modelo cuadrático de la tendencia. De esta forma el modelo inicial, en variables categóricas, es

$$Y = \alpha_0 + \alpha_1 t + \alpha_2 t^2 + \beta_2 Q_2 + \beta_3 Q_3 + \beta_4 Q_4 + \beta_5 Q_5 + \beta_6 Q_6 + \beta_7 Q_7 + \beta_8 Q_8$$

$$+ \beta_9 Q_9 + \beta_{10} Q_{10} + \beta_{11} Q_{11} + \beta_{12} Q_{12} + \gamma_2 Q_2 t + \gamma_3 Q_3 t + \gamma_4 Q_4 t + \gamma_5 Q_5 t$$

$$+ \gamma_6 Q_6 t + \gamma_7 Q_7 t + \gamma_8 Q_8 t + \gamma_9 Q_9 t + \gamma_{10} Q_{10} t + \gamma_{11} Q_{11} t + \gamma_{12} Q_{12} t + \varepsilon.$$

Los resultados de la regresión paso a paso eliminando todos los términos cuyo coeficiente tuviera un p-val superior al 5% se muestran en la tabla 6.II. Se observa que al resultar significativos, además de los términos lineal y cuadrático del tiempo, gran cantidad de términos en Q_i y también en tQ_i se trata de una serie mixta en la que cada mes tiene su propia evolución. Únicamente enero y diciembre responden al mismo modelo (los términos Q_{12} y tQ_{12} no han resultado significativos). La Fig. 6.3. compara los datos reales y los modelizados e, inicialmente, no parece un ajuste desafortunado, además el coeficiente de determinación R^2 es relativamente elevado (90,84%).

El modelo resultante corresponde a la ecuación:

$$\hat{Y} = 396,1000 + 17,0037\,t - 0,0520\,t^2 - 130,6000\,Q_6 - 163,4700\,Q_7 - 320,5500\,Q_8$$
$$- 150,9700\,Q_9 - 0,8920\,Q_2\,t - 1,4657\,Q_3\,t - 3,2916\,Q_4\,t - 3,6293\,Q_5\,t$$
$$- 3,4283\,Q_6\,t - 2,9976\,Q_7\,t - 3,1281\,Q_8\,t - 3,2494\,Q_9\,t - 3,5626\,Q_{10}\,t$$
$$- 1,3220\,Q_{11}\,t$$

Tabla 6.II. Modelo definitivo a partir de 192 datos (Modelo 1)

	g.d.l.	SC	CM	F	p-val
Regresión	16	25304845	1581553		
Residuos	175	2551109	14578	108,49	7,89E-82
Total	191	27855954			

	Coef.	Error típico	t	p-val
Constante	396,1000	28,9000	13,71	0,0000
t	17,0037	0,6616	25,70	0,0000
t^2	-0,0520	0,0032	-16,37	0,0000
Q6	-130,6000	64,1100	-2,04	0,0430
Q7	-163,4700	64,5600	-2,53	0,0120
Q8	-320,5500	65,0200	-4,93	0,0000
Q9	-150,9700	65,4900	-2,31	0,0220
tQ2	-0,8920	0,3404	-2,62	0,0100
tQ3	-1,4657	0,3385	-4,33	0,0000
tQ4	-3,2916	0,3367	-9,78	0,0000
tQ5	-3,6293	0,3349	-10,84	0,0000
tQ6	-3,4283	0,6017	-5,70	0,0000
tQ7	-2,9976	0,6017	-4,98	0,0000
tQ8	-3,1281	0,6018	-5,20	0,0000
tQ9	-3,2494	0,6020	-5,40	0,0000
tQ10	-3,5626	0,3264	-10,92	0,0000
tQ11	-1,3220	0,3248	-4,07	0,0000

$R^2 = 0,9084$

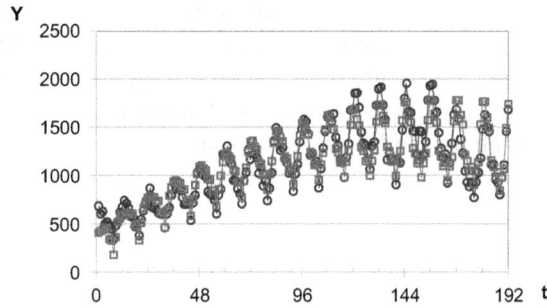

Fig. 6.3. Datos (○) y modelo ajustado (□) sobre los 192 datos (Modelo 1)

Antes de dar por bueno cualquier ajuste es necesario analizar el gráfico de los residuos (R = Y − Ŷ) de la Fig. 6.4. Aquí se observa claramente que el modelo ha cambiado. Los residuos desde t =1 hasta 132, o sea desde enero de 1997 hasta diciembre de 2007 (indicado con un punto de mayor tamaño en el gráfico) tienen una clara tendencia parabólica. Dado que el modelo ajustado contiene el término de t^2, esta tendencia indica la improcedencia de este término durante este intervalo de tiempo, término que sin embargo es necesario para ajustar la globalidad de los datos.

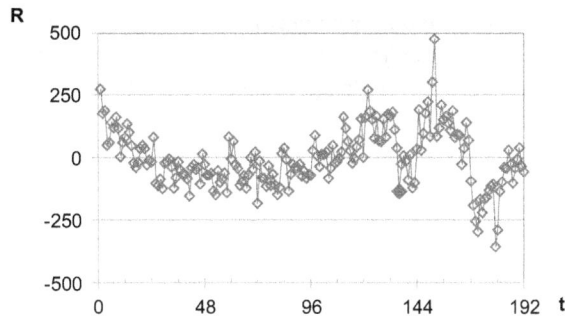

Fig. 6.4. Modelo 1: Gráfico de los residuos

Aun sabiendo la improcedencia del modelo, pero con el respaldo de una aparente buen ajuste, se ha procedido a hacer previsiones a dos años vista, tal como permitía el correlograma. En la Fig. 6.5. se presentan los datos iniciales, el modelo, las previsiones y la validación de las del año 2011 cuyos valores reales de consumo se han reservado desde el inicio del estudio.

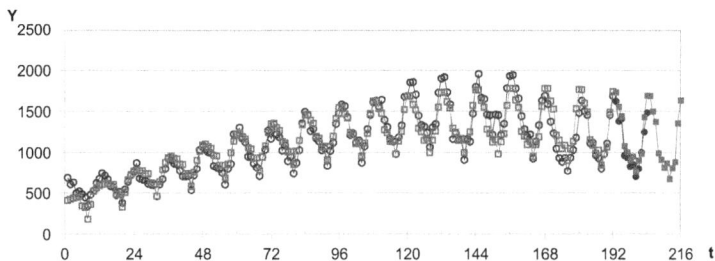

Fig. 6.5. Datos iniciales (○), modelo ajustado (□), previsiones (■) y datos de 2011 (●)

La Fig. 6.6. compara las previsiones con los valores que posteriormente se obtuvieron en este año y, aun cuando las discrepancias no han resultado ser muy aparatosas, la validez del procedimiento queda totalmente cuestionada. Desde el inicio de este libro se ha venido diciendo que las previsiones asumen que el modelo se mantiene estable, hecho que no se produce en este caso, el cual muestra claras evidencias de un cambio de comportamiento, gran disminución, en el consumo mensual de gas.

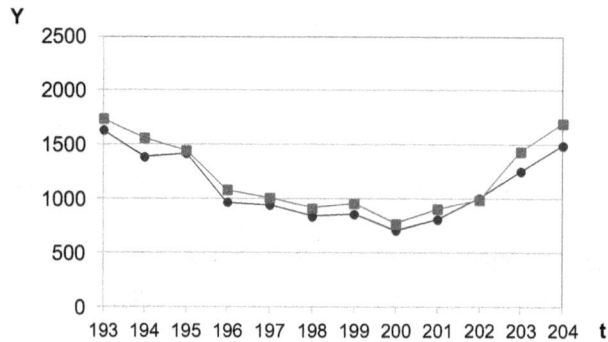

Fig. 6.6. Previsiones según modelo 1(■) y datos reales de 2011 (●)

¿Cuál sería el procedimiento alternativo de modelización en este caso? Pues sin duda es necesario separar los datos en dos intervalos, modelizar ambos y utilizar el último modelo para hacer y validar las previsiones de 2011. Esquemáticamente, la agrupación de datos por intervalos según modelo de comportamiento sería la mostrada en la Fig. 6.7.

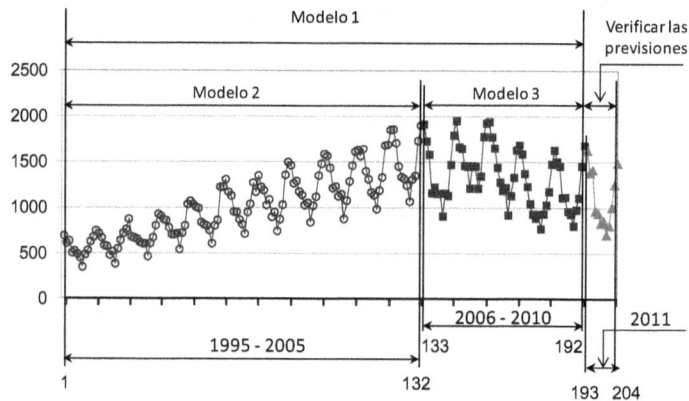

Fig. 6.7. Agrupación de datos según modelo de comportamiento

Modelo 2 (1995 – 2005)

La Fig. 6.8. muestra que el correlograma para el primer grupo de datos, desde t = 1 hasta t = 132, tiene el mismo aspecto que el calculado con todos los datos, Fig. 6.2.

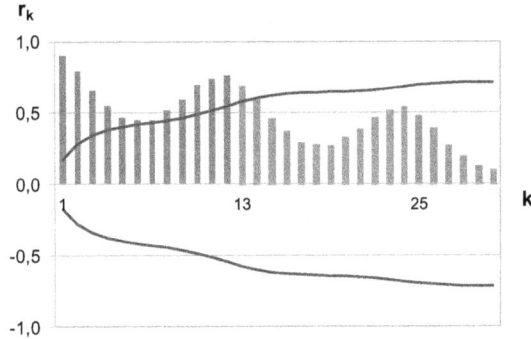

Fig. 6.8. Correlograma con los 132 primeros valores del consumo de gas

La tabla 6.III contiene los resultados de la regresión paso a paso del modelo sobre los 132 primeros datos, desde enero de 1995 hasta diciembre de 2005 y la Fig. 6.9 compara gráficamente los datos con el modelo obtenido. Es un modelo con un ajuste muy bueno (R^2 = 98,38%) que además presenta un gráfico de residuos, Fig. 6.10, tal como debe ser, es decir, de valores erráticos y sin ningún patrón de comportamiento visualmente detectable. Este modelo presenta una tendencia rectilínea creciente de aquí que cuando antes se ha forzado a la parábola resultante de todo el conjunto diese unos residuos inadmisibles.

Tabla 6.III. Modelo definitivo para los primeros 132 datos (Modelo 2)

	g.d.l.	SC	CM	F	p-val
Regresión	19	16946607	891926,684	358,380828	5,33732E-91
Residuos	112	278742	2488,76786		
Total	131	17225349			

	Coef.	Error típico	t	p-val
Constante	628,903	18,5251	33,9486	8,8053E-61
t	9,707	0,1773	54,7562	1,1064E-82
Q2	-93,07	21,2729	-4,3751	2,7353E-05
Q3	-131,14	21,2751	-6,164	1,1478E-08
Q4	-185,557	34,8281	-5,3278	5,1966E-07
Q5	-186,259	35,1178	-5,3038	5,7731E-07
Q6	-228,771	35,4097	-6,4607	2,7914E-09
Q7	-231,576	35,7035	-6,4861	2,47E-09
Q8	-352,845	35,9993	-9,8014	9,4759E-17
Q9	-217,046	36,2971	-5,9797	2,7214E-08
Q10	-164,418	36,5967	-4,4927	1,7199E-05
Q11	-113,247	21,3459	-5,3053	5,7353E-07
Q12	-55,044	21,3613	-2,5768	0,01127196
tQ4	-1,634	0,4342	-3,7626	0,00026933
tQ5	-2,144	0,4342	-4,9385	2,7716E-06
tQ6	-2,736	0,4342	-6,3012	5,9906E-09
tQ7	-2,928	0,4342	-6,7443	7,0443E-10
tQ8	-3,674	0,4342	-8,4611	1,1369E-13
tQ9	-3,069	0,4342	-7,0688	1,4182E-10
tQ10	-2,51	0,4342	-5,7795	6,8543E-08

$R^2 = 0,9838$

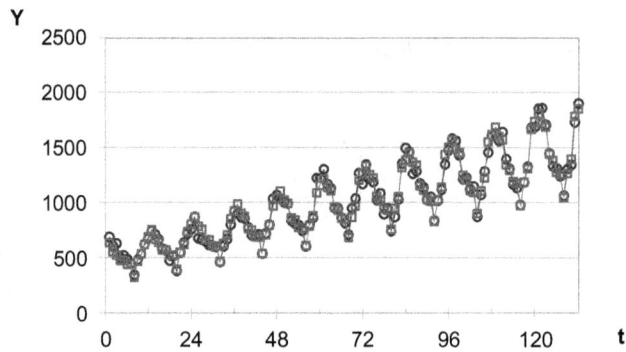

Fig. 6.9. Datos reales (○) y modelizados (□) desde 1995 hasta 2005. (Modelo 2)

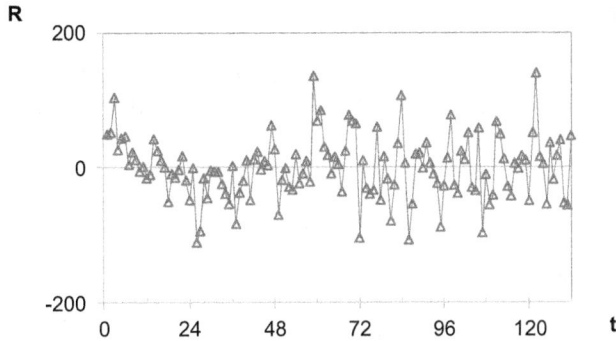

Fig. 6.10. Modelo 2: residuos

Prolongando el modelo 2 hasta cubrir todo el tiempo del que se disponen datos, se observa el efecto de la crisis sobre el consumo de gas. El modelo que se acaba de obtener indica que, de haberse mantenido en la tendencia de crecimiento del período 1995 – 2005, el consumo entre 2006 y 2011 habría tomado valores muy superiores a los que realmente ha tenido, ver Fig. 6.11. Aquí se vuelve a comprobar la necesidad de ajustar un nuevo modelo entre $t = 133$ y $t = 192$ (años 2006 – 2010) que permita hacer más previsiones fiables para 2011. Éste será el modelo 3.

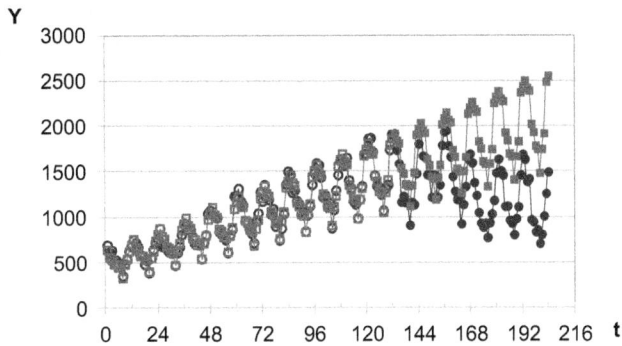

Fig. 6.11. Extrapolación del modelo 2 (■) y datos reales hasta 2011 (●)

Modelo 3 (2006 – 2010)

Con los datos de consumo desde enero de 2006 hasta diciembre de 2010 (t = 133, ..., t = 192) se inicia un nuevo estudio. La Fig. 6.12. presenta la cronología de los datos junto a las medias móviles de p = 12.

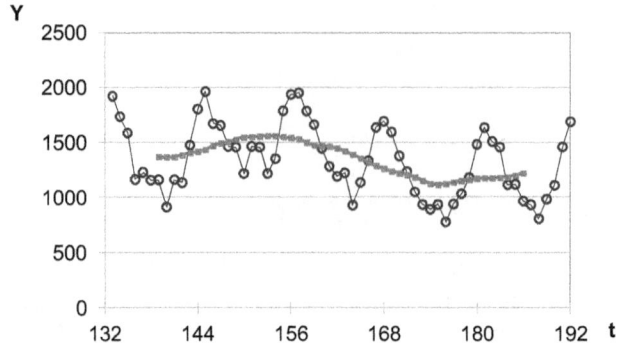

Fig. 6.12. Datos (○) y medias móviles (■)

El correlograma de estos datos se muestra en la Fig. 6.13., confirmando el período de longitud 12 y permitiendo hacer previsiones para 12 meses. La estructura de este correlograma, aun manteniendo el período, es básicamente distinta de la del paso previo; hecho nada sorprendente al tratarse de modelos de comportamiento de distinta estructura y con un número de datos bastante reducido (N = 60).

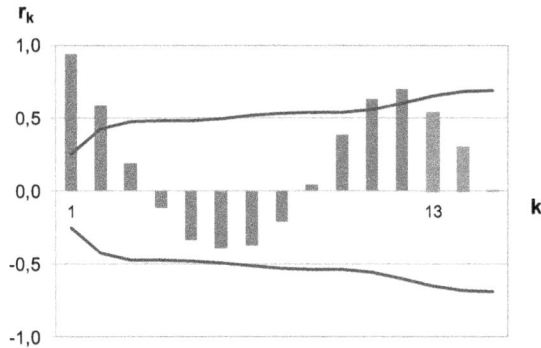

Fig. 6.13. Correlograma para los datos del modelo 3

La tabla 6.IV muestra los resultados de la regresión paso a paso a partir del mismo modelo inicial con 15 términos de los pasos anteriores.

Tabla 6.IV. Modelo definitivo para los datos de consumo desde enero de 2006 hasta diciembre de 2010 (t = 133, ..., t = 192). Modelo 3

	g.d.l.	SC	CM	F	p-val
Regresión	11	4866331,65	442393,786	19,009069	6,6606E-14
Residuos	48	1117093,20	23272,775		
Total	59	5983424,85			

	Coef.	Error típico	t	p-val
Constante	2734,3342	193,0789	14,1617	9,188E-19
t	-5,9633	1,1505	-5,1832	4,307E-06
Q2	-177,7348	83,7176	-2,1230	3,893E-02
Q3	-267,3715	83,6543	-3,1961	2,464E-03
Q4	-532,6082	83,6068	-6,3704	6,797E-08
Q5	-570,0449	83,5752	-6,8207	1,385E-08
Q6	-684,8816	83,5593	-8,1964	1,114E-10
Q7	-619,9184	83,5593	-7,4189	1,681E-09
Q8	-781,7551	83,5752	-9,3539	2,153E-12
Q9	-663,7918	83,6068	-7,9394	2,719E-10
Q10	-551,2285	83,6543	-6,5894	3,136E-08
Q11	-230,8652	83,7176	-2,7577	8,210E-03

$R^2 = 0,8133$

En este intervalo de tiempo (2006 – 2010) el modelo de comportamiento responde a la ecuación

$$\hat{Y} = 2734,3342 - 5,9633 \, t - 177,7348 \, Q_2 - 267,3715 \, Q_3 - 532,6082 \, Q_4$$

$$- 570,0449 \, Q_5 - 684,8816 \, Q_6 - 619,9184 \, Q_7 - 781,7551 \, Q_8$$

$$- 663,7918 \, Q_9 - 551,2285 \, Q_{10} - 230,8652 \, Q_{11}$$

Es un modelo puramente aditivo con una tendencia decreciente que indica que cada mes el consumo de gas desciende en 5,9633 Tep. En cuanto a la estacionalidad, Fig. 6.14., se puede decir que los meses de enero y diciembre tienen el mismo comportamiento. El consumo de gas en el resto de meses del año está siempre, en menor o mayor grado, por debajo del de diciembre y enero. También se observa que el consumo de gas es sensiblemente superior en los meses de invierno que en el resto.

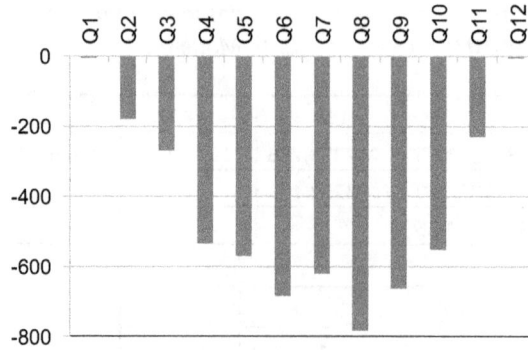

Fig. 6.14. Valores de los coeficientes de Q_i, $\hat{\beta}_i$, para cada mes

La Fig. 6.15. contiene los residuos del modelo definitivo que se mueven dentro de un patrón más o menos aleatorio y la Fig. 6.16. presenta la comparación entre el modelo y los datos mostrando un buena adaptación entre ambos. Hay que insistir que en este modelo el contador de tiempo empieza en t = 133.

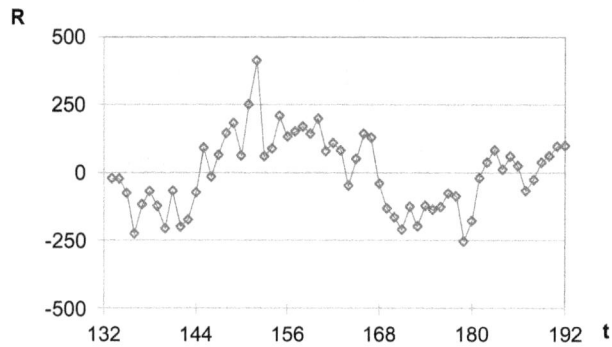

Fig. 6.15. Gráfico de residuos (Modelo 3)

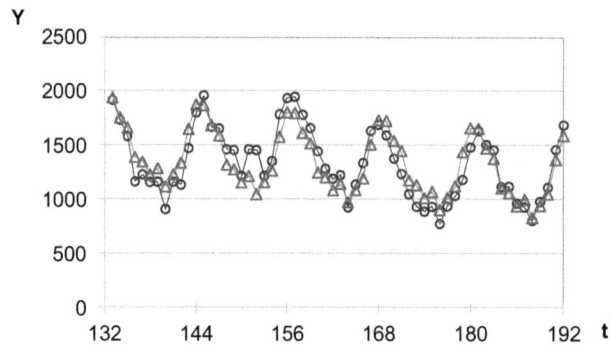

Fig. 6.16. Datos (○) y modelo ajustado (△) en el intervalo 2006 – 2010

Con este modelo, y observando el correlograma de los datos del intervalo 2006 – 2010, se procede a realizar las previsiones de consumo para el próximo año no incluido en los datos modelizados, es decir, para 2011. La Fig. 6.17. muestra la evolución futura del modelo y su gran aproximación a los consumos reales de gas durante 2011.

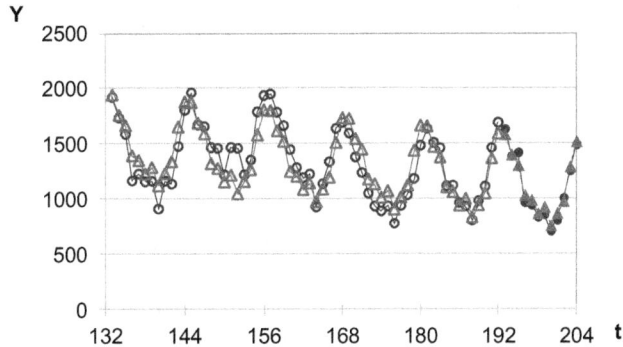

Fig. 6.17. Datos (○), modelo 3 (△), previsiones (▲) y valores reales de 2011 (●)

Comparación de las previsiones para 2011 obtenidas con los modelos 1 y 3

En la Fig. 6.18. se muestran los valores reales de consumo de gas de 2011 junto a los que fueron previstos con el modelo 1 (1995 – 2010) y el modelo 3 (2006 – 2010). Está claro que el modelo 3 es mucho más acertado en las previsiones que el 1, éste sólo supera en acierto al 3 en los meses de marzo y octubre; en el resto da errores de previsión muy superiores. La Fig. 6.19. compara la magnitud de los errores mes a mes y muestra que aunque ambos modelos, en la mayoría de los meses, hacen una previsión superior a los valores que luego se obtuvieron, el modelo 1 da unos errores mayores que el 3.

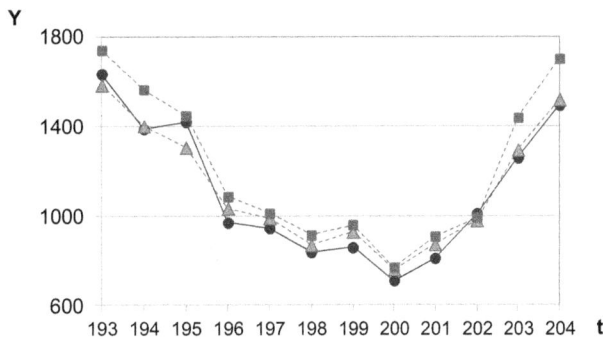

Fig. 6.18. Consumos de 2011 (●), previsiones modelo 1 (■) y previsiones modelo 3 (▲)

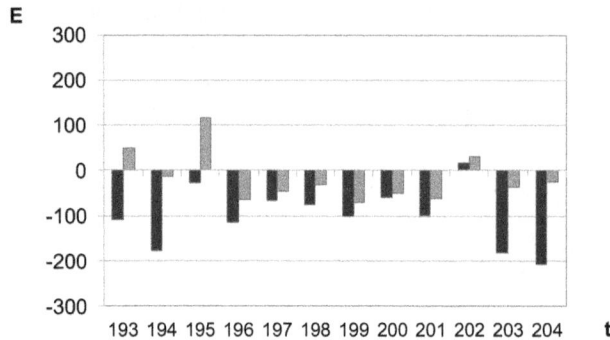

Fig. 6.19. Errores de previsión con modelo 3 (□) y con modelo 1 (■)

A pesar de todo, el modelo 1 ha resultado favorecido por la situación de forma que el término parabólico que desajustó enormemente los valores iniciales, se adapta a los finales mejor de lo que sería de esperar. En situaciones como ésta, donde el gráfico cronológico evidencia un cambio claro de tendencia, no se debe esperar la posible buena suerte de un modelo general sino que hay que modelizar por intervalos. Esto puede complicarse cuando no es tan evidente el punto donde se inicia el cambio, como ha ocurrido en este ejemplo, o bien cuando los datos disponibles para construir el último modelo son insuficientes para una buena fiabilidad del mismo. Una situación de este tipo es la que se presenta en el siguiente ejemplo.

6.2　Fabricación de motocicletas

En el capítulo 4, se elaboró el correlograma de la serie cronológica presentada en la Tabla 4.I y Fig. 4.2., cuyos datos corresponden al número de motocicletas fabricadas en España desde enero de 1997 hasta abril de 2012. Fuente: Boletín Mensual de Estadística del INE. En este capítulo se va a proceder a modelizar la serie, hacer previsiones y verificar los resultados. Para ello se van a tomar como datos los primeros 172 valores de la serie para construir el modelo, reservando los 12 últimos (desde mayo de 2011 hasta abril de 2012) para validar las previsiones obtenidas con el modelo. Hay que recordar que el correlograma, Fig. 4.3., confirmaba una estacionalidad de período 12 y admitía la posibilidad de hacer previsiones a dos años vista.

En la Fig. 4.2. se observa que los datos presentan una tendencia, que podría ser parabólica. Para una primera confirmación visual del modelo de tendencia puede ser aconsejable observar la evolución de las medias móviles, con p = 12 en este caso. La Fig. 6.20. superpone las medias móviles a los datos e indica que la tendencia tiene una evolución de difícil modelización, a grandes rasgos podría ser parabólica con desajustes en algunos tramos.

Ante esta situación se plantea el estudio con variables categóricas a partir del modelo inicial:

$$Y = \alpha_0 + \alpha_1 t + \alpha_2 t^2 + \beta_2 Q_2 + \beta_3 Q_3 + \beta_4 Q_4 + \beta_5 Q_5 + \beta_6 Q_6 + \beta_7 Q_7 + \beta_8 Q_8$$
$$+ \beta_9 Q_9 + \beta_{10} Q_{10} + \beta_{11} Q_{11} + \beta_{12} Q_{12} + \gamma_2 Q_2 t + \gamma_3 Q_3 t + \gamma_4 Q_4 t + \gamma_5 Q_5 t$$
$$+ \gamma_6 Q_6 t + \gamma_7 Q_7 t + \gamma_8 Q_8 t + \gamma_9 Q_9 t + \gamma_{10} Q_{10} t + \gamma_{11} Q_{11} t + \gamma_{12} Q_{12} t + \varepsilon.$$

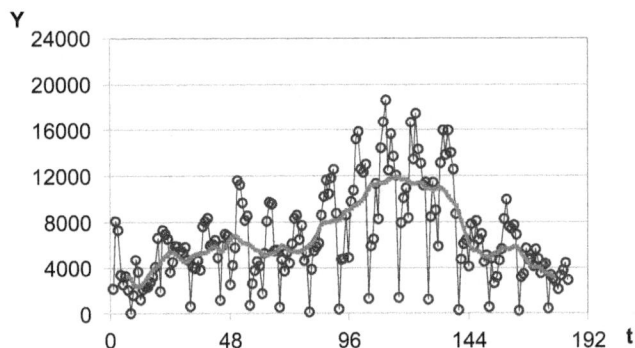

Fig. 6.20. Datos (○) y medias móviles de período 12 (■)

La regresión paso a paso, eliminando uno a uno todos los coeficientes que no son estadísticamente significativos (nivel de significación superior al 5%), después de 17 pasos, ha dado lugar a los resultados de la tabla 6.V que dan como modelo estimado

$$\hat{Y}_t = 1471{,}598 + 163{,}099\, t - 0{,}739\, t^2 + 2083{,}889\, Q_3 - 4293{,}000\, Q_8 - 3674{,}206\, Q_{12}$$

$$- 37{,}777\, tQ_8 - 35{,}558\, tQ_9 - 29{,}470\, tQ_{10} - 19{,}722\, tQ_{11}$$

El modelo incluye el término lineal con signo positivo y el cuadrático con signo negativo, es decir hay una tendencia creciente en los primeros años y luego sufre una fuerte desaceleración que consigue invertir la tendencia a decreciente. Se trata de un modelo mixto, son significativos términos tipo Q_i y otros tipo tQ_i, es decir, de un mes a otro puede haber cambios de ordenada en el origen y de pendiente.

El modelo estima que en los meses de enero, febrero, abril, mayo, junio y julio responden al mismo comportamiento ($\hat{Y}_t = 1471{,}598 + 163{,}099\, t - 0{,}739\, t^2$). El mes de marzo difiere de los antes citados sólo en que su ordenada en el origen supera en 2083,889 a la común para ellos, su modelo es

$$\hat{Y}_t = 1471{,}598 + 2083{,}889 + 163{,}099\, t - 0{,}739\, t^2 = 3555{,}487 + 163{,}099\, t - 0{,}739\, t^2.$$

Situación similar es la de diciembre pero con una ordenada en el origen 3674,206 unidades inferior a la del grupo de enero, su modelo es

$$\hat{Y}_t = 1471{,}598 - 3674{,}206 + 2083{,}889 + 163{,}099\, t - 0{,}739\, t^2 =$$

$$= -2202{,}608 + 163{,}099\, t - 0{,}739\, t^2$$

El mes de agosto tiene una ordenada en el origen 4293 unidades inferior a la del grupo de enero y coeficiente del tiempo 37,777 unidades también inferior al del citado grupo. Los meses de septiembre, octubre y noviembre tienen la misma ordenada en el origen que el grupo de enero y unos coeficientes del tiempo inferiores al del grupo en 35,558; 29,470 y 19,722 unidades, respectivamente.

En la Fig. 6.21. se puede observar el modelo junto con los datos disponibles. A simple vista no parece un gran ajuste, como ya era de esperar al ver el valor de R^2 obtenido.

Tabla 6.V. Resultados de la regresión paso a paso con variables categóricas

	g.d.l.	SC	CM	F	p-val
Regresión	9	1778061428	197562381	28,68	2,52E-29
Residuos	162	1115815029	6887747		
Total	171	2893876457			

	Coef.	Error típico	t	p-val
Constante	1471,5981	626,7185	2,3481	0,0201
t	163,0985	16,3391	9,9821	0,0000
t^2	-0,7391	0,0908	-8,1368	0,0000
Q3	2083,8891	729,9385	2,8549	0,0049
Q8	-4292,9998	1493,8933	-2,8737	0,0046
Q12	-3674,2063	752,8454	-4,8804	0,0000
t Q8	-37,7772	15,1525	-2,4931	0,0137
t Q9	-35,5584	7,5643	-4,7008	0,0000
t Q10	-29,4702	7,5057	-3,9264	0,0001
t Q11	-19,7216	7,4484	-2,6478	0,0089

$R^2 = 0,61442$

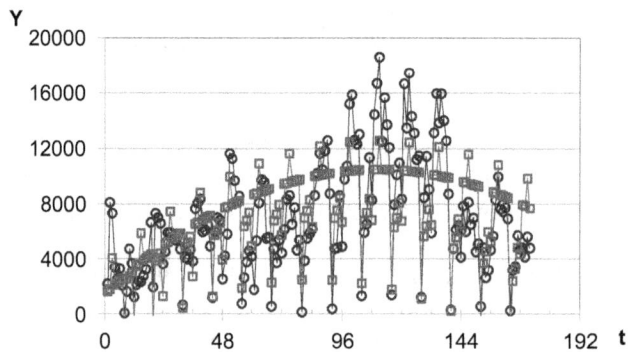

Fig. 6.21. Datos (○) y modelo en variables categóricas (□)

El número de motocicletas fabricadas mensualmente inician una caída hacia el año 2007 (t = 121, …) que se agudiza a partir de 2008 (t = 133).

La Fig. 6.22. contiene la evolución de los residuos del modelo (R = Y – Ŷ) y en ella se pueden apreciar tres zonas: la primera con una clara tendencia parabólica de los residuos, la segunda con una estabilización de los mismos en valores mayoritariamente positivos (el modelo queda por debajo de los datos) y una tercera también estable pero con valores generalmente negativos (modelo superior a los datos). La primera zona, de aspecto parabólico con coeficiente cuadrático positivo, se podría interpretar como que en ella el modelo no necesita el término en t^2 y los residuos reflejan lo contrario al término t^2 con coeficiente negativo del modelo ajustado. Las otras dos zonas vienen a representar las compensaciones necesarias para ajustar un modelo global a una situación cambiante.

R

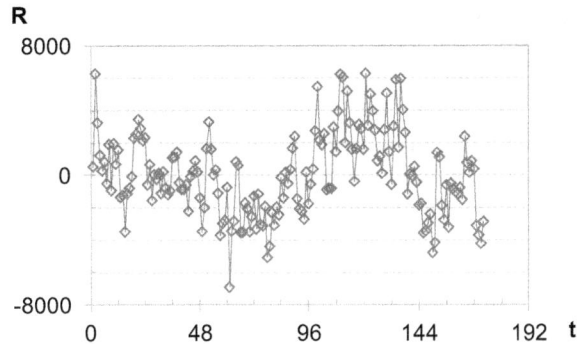

Fig. 6.22. Residuos del modelo en variables categóricas

El modelo no es capaz de bajar a la misma velocidad que la mayoría de los últimos datos, pero en algunos casos sufre el efecto contrario quedando muy por debajo de los mismos (¡incluso con valores negativos!). Esto ocasiona que cuando, utilizando el modelo, se realizan previsiones para 12 meses y pasado el tiempo se comparan los datos reales con los que se habían previsto, se ve que las previsiones han sido muy optimistas. Es decir, la realidad va por debajo de la previsión en todos los meses excepto los correspondientes a t = 177 y t = 178 que son septiembre y octubre de 2011. Las discrepancias entre la realidad y el modelo se muestran en la Fig. 6.23. Otra deficiencia del modelo se observa para el último mes (abril de 2012; t = 184) en el que la previsión había sido negativa y la realidad fue que se fabricaron 2888 motocicletas.

Y

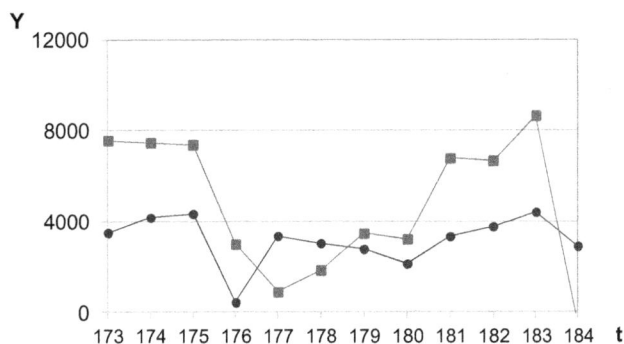

Fig. 6.23. Previsiones a un año vista (■) y valores reales (●) del modelo en categóricas

El método de modelización por variables categóricas es una estimación mínimo cuadrática de los coeficientes, por lo tanto ajusta un modelo que, globalmente, es el mejor desde el punto de vista de minimización de los cuadrados de los residuos, o sea, todos los datos tienen el mismo peso en la estimación. Sin embargo, en situaciones en que hay una evolución rápida y cambiante de los datos, interesa un sistema de modelización que pondere de distinta forma los datos recientes y la historia. En este caso, a diferencia del ejemplo del consumo de gas natural desarrollado anteriormente, no parece muy claro el punto donde hay un cambio de modelo, o quizás haya más de un cambio, y el último de ellos está bastante cercano al final de la recogida de datos. Si se intentase agrupar los datos por intervalos y cada uno de ellos ajustar el modelo correspondiente, como se ha hecho con el caso del gas natural, tendríamos muy pocos datos para el último modelo, con lo cual su validez y la de las previsiones a un año vista podrían quedar bastante en entredicho. Este problema lo puede resolver el sistema de suavizado exponencial.

En el capítulo anterior se han presentado las técnicas de ponderación exponencial siempre para el caso de datos sin estacionalidad: suavizado exponencial simple y método de Brown. Para el caso de estacionalidad existe el método de Winters basado en el suavizado exponencial, pero por su complejidad requiere programas especiales de cálculo.

Para evitar este problema se va a estudiar el caso de las ventas de motocicletas mes a mes, es decir, se va a aplicar el método de Brown para las 12 series de datos constituidas por las ventas de cada mes a lo largo del tiempo. Una vez se haya modelizado cada mes, se hará la previsión para el mismo mes del año siguiente. Reuniendo todas las previsiones se va a tener la del año completo. En la tabla 6.VI se presentan parcialmente los 172 datos organizados por meses.

Tabla 6.VI. Datos agrupados mensualmente

t	M1	t	M2	t	M3	t	M4	...	t	M10	t	M11	t	M12
1	2170	2	8075	3	7295	4	3361	...	10	4696	11	3648	12	1218
13	2104	14	2370	15	2347	16	2753	...	22	6954	23	6535	24	3611
25	4494	26	5875	27	5865	28	5481	...	34	3959	35	4625	36	3805
37	7616	38	8042	39	8337	40	5932	...	46	6953	47	6773	48	2528
49	4208	50	5775	51	11616	52	11250	...	58	3750	59	4558	60	4162
61	1752	62	5282	63	8052	64	9719	...	70	3707	71	5363	72	4410
73	6107	74	8317	75	8582	76	6469	...	82	5473	83	5822	84	6137
85	8588	86	10201	87	11632	88	10439	...	94	4781	95	8597	96	4867
97	9772	98	10733	99	15211	100	15857	...	106	6507	107	11323	108	8257
109	14435	110	16704	111	18607	112	12486	...	118	10085	119	10934	120	8337
121	16675	122	13462	123	17450	124	14313	...	130	11423	131	9022	132	5869
133	13123	134	15962	135	13833	136	15958	...	142	6085	143	6406	144	4103
145	7821	146	5959	147	8099	148	6464	...	154	2637	155	3174	156	4633
157	5628	158	8265	159	9942	160	7589	...	166	3435	167	5678	168	4706
169	4796	170	4121	171	5596	172	4771							

Con cada una de las 12 series de datos se ha determinado el valor del coeficiente de ponderación λ que hace mínimo el error cuadrático medio. En la Fig. 6.24. (izquierda) se puede observar la evolución del ECM para los 12 meses en función de λ. La Fig. 6.24. (derecha) muestra la evolución de los promedios mensuales del ECM en función de λ.

En la mayoría de los meses, el óptimo se alcanza para λ entre 0,4 y 0,6. Una opción podría ser modelizar cada mes con su λ óptima pero, utilizando la Fig. 6.24. (derecha) se ha decidido trabajar con λ = 0,5 que es la que hace mínima la suma de ECM de los 12 meses. Este valor del coeficiente de ponderación, sin ser el óptimo para todos los casos, es tal que la diferencia entre su ECM y el del óptimo mensual es de poca importancia.

En la tabla 6.VII se presenta todo el cálculo por Brown para el mes de marzo, desde 1997 hasta 2011, junto con la previsión y el valor real de marzo de 2012. De igual forma se procede para el resto de meses.

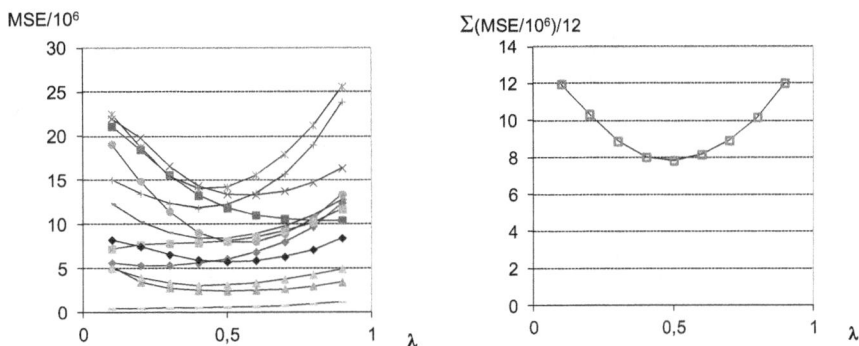

Fig. 6.24. Evolución del ECM en función de λ, para cada mes y promedio global

Tabla 6.VII. Método de Brown y previsión para el mes de marzo

año	t	M3	S_t	$S_t^{(2)}$	$\hat{a}_t$	$\hat{b}_t$	$\tilde{Y}_t$	R_t
1997	3	7295	7295,000	7295,000	7295,000	0,000		
1998	15	2347	4821,000	6058,000	3584,000	-1237,000	7295,000	-4948,000
1999	27	5865	5343,000	5700,500	4985,500	-357,500	2347,000	3518,000
2000	39	8337	6840,000	6270,250	7409,750	569,750	4628,000	3709,000
2001	51	11616	9228,000	7749,125	10706,875	1478,875	7979,500	3636,500
2002	63	8052	8640,000	8194,563	9085,438	445,438	12185,750	-4133,750
2003	75	8582	8611,000	8402,781	8819,219	208,219	9530,875	-948,875
2004	87	11632	10121,500	9262,141	10980,859	859,359	9027,438	2604,563
2005	99	15211	12666,250	10964,195	14368,305	1702,055	11840,219	3370,781
2006	111	18607	15636,625	13300,410	17972,840	2336,215	16070,359	2536,641
2007	123	17450	16543,313	14921,861	18164,764	1621,451	20309,055	-2859,055
2008	135	13833	15188,156	15055,009	15321,304	133,147	19786,215	-5953,215
2009	147	8099	11643,578	13349,293	9937,863	-1705,715	15454,451	-7355,451
2010	159	9942	10792,789	12071,041	9514,537	-1278,252	8232,147	1709,853
2011	171	5596	8194,395	10132,718	6256,071	-1938,323	8236,285	-2640,285
2012	183	4403					4317,748	85,252

La Fig. 6.25. contiene los datos y la modelización obtenida. Con este procedimiento se ha obtenido un modelo que sigue mucho más fielmente la serie de datos que el de categóricas. En la Fig. 6.26. se muestran las previsiones efectuadas para el año siguiente y la comprobación respecto al número de unidades que realmente se fabricaron en este último período de 12 meses, datos que se habían reservado en la modelización para verificar las previsiones. En este caso las previsiones se acercan aceptablemente a los valores reales y no hay una tendencia a sobrepasarlos o a no alcanzarlos.

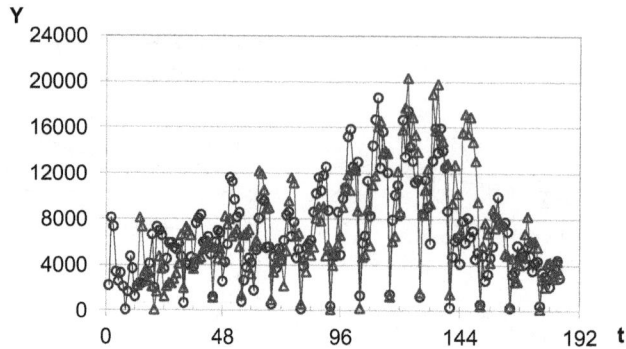

Fig. 6.25. Datos (○) y modelo utilizando Brown (△)

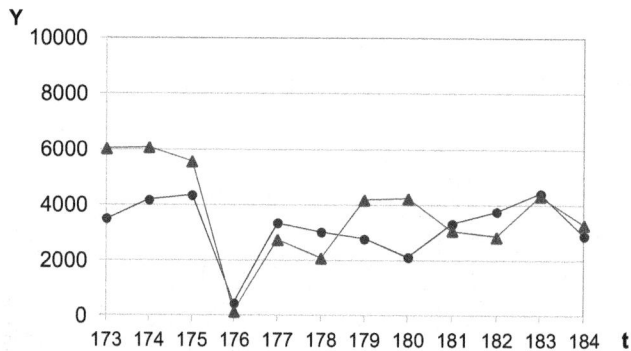

Fig. 6.26. Previsiones del método de Brown a un año vista (▲) y valores reales (●)

En la Fig. 6.27. se comparan las previsiones obtenidas por ambos métodos y su validación con los valores reales. Es evidente que las obtenidas por el método de Brown, aplicado a las series mensuales, son mucho más acertadas que las resultantes de las variables categóricas. La Fig. 6.28. visualiza la magnitud de los errores de previsión por ambos métodos y destaca que, excepto en dos meses, el error asociado al modelo en variables categóricas es muy superior al obtenido con el suavizado de Brown aplicado mes a mes.

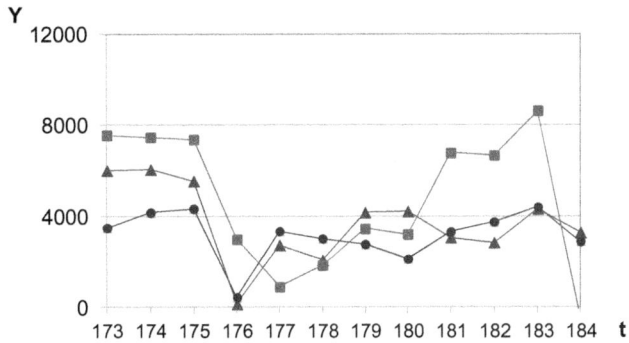

Fig. 6.27. Previsiones por Brown (▲), por categóricas (■) y valores reales (●)

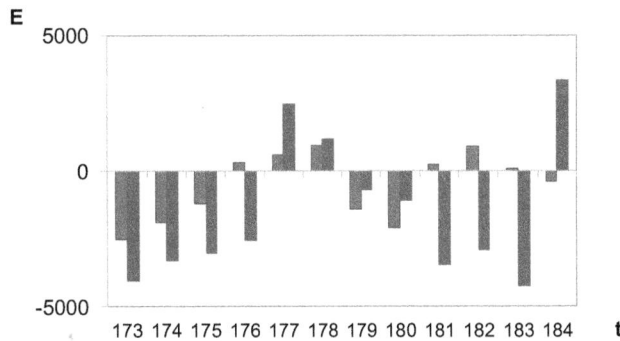

Fig. 6.28. Errores de previsión por Brown (   ) y por categóricas (   )

Esta situación particular no indica, de ningún modo, que la modelización por variables categóricas no sea recomendable, todo lo contrario, simplemente estamos en una situación donde el modelo no se mantiene en el tiempo y requiere un sistema que se adapte a los cambios que se van produciendo. Respecto a la resolución del caso, aplicando Brown mes a mes, se podría objetar que se podría perder alguna información respecto al traspaso de información de un mes al siguiente pero, aun cuando esto no sea descartable, si hay cambios de comportamiento bruscos es muy probable que se obtengan mejores resultados con técnicas de suavizado exponencial que se van adaptando a los cambios conforme se van produciendo.

Capítulo 7

Ejercicios

En esta parte propone una colección de enunciados de ejercicios correspondientes a múltiples evaluaciones llevadas a cabo en la ETSEIAT. Posteriormente se desarrollan detenidamente todos ellos.

7.1   Enunciados

Durante 15 semanas, se ha tomado nota del gasto en energía eléctrica diario de un almacén en el que se trabaja de lunes a viernes. Se ha modelizado su evolución utilizando un modelo con variables categóricas. El modelo obtenido ha sido $\hat{Y}_t = 138,2 + \alpha_1 t + \beta_2 Q_2 - 27,2 Q_3 + \beta_4 Q_4 + 3 Q_5$. Para cierto instante t_0, sabemos que $\hat{Y}_{t_0+5} - \hat{Y}_{t_0} = 63,25$. Además, se ha obtenido un modelo de descomposición clásica equivalente, con $E_1 = -11,4$, $E_2 = 25,9$ y $E_4 = 32,5$.

1.   ¿Cuál es el valor estimado para α_1?

   8,74 $\square$ 10,25 $\square$ 11,26 $\square$ 12,65 $\square$ .... $\square$

2.   ¿Cuánto vale el índice estacional E_5?

   $-10,2$ $\square$ $-8,4$ $\square$ $-6,6$ $\square$ $-3,2$ $\square$ .... $\square$

3.   ¿Cuántos valores de la serie auxiliar W_t han intervenido en el cálculo de E_4^*?

5 ☐   12 ☐   14 ☐   15 ☐   .... ☐

4. En la construcción del correlograma, se ha observado que todos los coeficientes de autocorrelación son positivos, y decrecen a medida que aumenta su orden ($r_{k+1} < r_k$). Además, se ha obtenido $r_6 = 0,73$ y $V(r_5) = 0,11$. ¿Cuál es el valor máximo que puede alcanzar r_5 para que la sexta previsión sea admisible?

0,69 ☐   0,78 ☐   0,86 ☐   0,98 ☐   .... ☐

El mismo almacén ha recogido también los consumos diarios de agua, en litros. El modelo obtenido en este caso ha sido $\hat{Y}_t = 237,4 + 7,6t + 15,2Q_2 - 13,4Q_3 + 25,4Q_4 + 0,5Q_2t - 0,2Q_3t + 0,8Q_4t + 1,3Q_5t$.

5. Según las previsiones, ¿qué día se superarán por primera vez los 1000 litros de agua?

83 ☐   86 ☐   89 ☐   101 ☐   .... ☐

6. El consumo observado el miércoles de la tercera semana ha sido 315,7 litros. ¿Cuál es el valor del residuo correspondiente?

-7,3 ☐   -4,5 ☐   1,4 ☐   7,1 ☐   .... ☐

7. ¿Cuál de las siguientes afirmaciones es cierta?

☐ El consumo de agua de los miércoles decrece semana a semana

☐ Los viernes se consume más agua que los lunes

☐ En promedio, el consumo de agua crece a un ritmo de 7,6 litros al día

☐ En promedio, cada jueves se consumen 42 litros más de agua que en el jueves anterior

☐ ....

8. Los primeros consumos observados son 230,5; 245,1; 235,9; 287,7; 267,5; 286,4 y 315,0. ¿Cuánto vale la segunda media móvil que se puede calcular?

263,9 ☐   264,5 ☐   265,2 ☐   266,4 ☐   .... ☐

Se han estudiado los ingresos diarios de una peluquería que abre de miércoles a sábado. El estudio parece indicar que, en promedio, los ingresos iniciales de 354€, han ido aumentando a un ritmo de 5,4€ diarios. Además, parece que los ingresos de miércoles y jueves son 58€ y 38€ inferiores a la media, respectivamente, mientras que los sábados superan en 94€ la media.

A partir de datos recogidos empezando un miércoles se proponen los modelos siguientes:

M1: $\hat{Y}_t = 354 + 5,4t - 58Q_1 - 38Q_2 + 94Q_4$

M2: $\hat{Y}_t = 354 + 5,4t + 20Q_2 + 58Q_3 + 152Q_4t$

M3: $\hat{Y}_t = T_t + E_{s(t)}$; $T_t = 354 + 5,4t$; $E_1 = -58$; $E_2 = -38$; $E_3 = 2$; $E_4 = 94$

M4: $\hat{Y}_t = T_t \cdot E_{s(t)}$; $T_t = 610,3 + 9,3t$; $E_1 = 0,58$; $E_2 = 0,38$; $E_3 = 1,1$; $E_4 = 1,94$

9. ¿Cuál de los modelos anteriores refleja las características descritas?

M1 ☐   M2 ☐   M3 ☐   M4 ☐   ………… ☐

El gráfico muestra los residuos correspondientes a uno de los modelos anteriores.

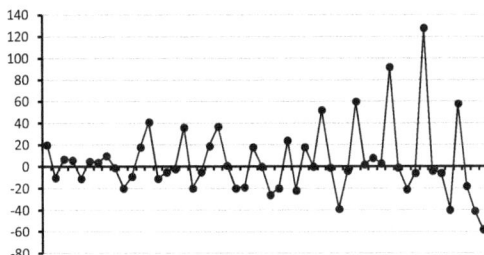

10. ¿Cuál de las siguientes afirmaciones es cierta?

☐ Los residuos no presentan ninguna anomalía

☐ Este modelo no es adecuado

☐ Los residuos son demasiado elevados para aceptar el modelo

☐ Sería necesario un gráfico probabilístico para poder valorar estos residuos

☐ …………………………………………………………………

11. Si el tercer viernes se han ingresado 426,7€ y se utiliza el modelo M2, ¿cuánto vale el correspondiente residuo?

-8,2 ☐   9,3 ☐   25,3 ☐   -44,7 ☐   ………… ☐

12. Si se desease escribir un modelo en variables categóricas equivalente al M_4, ¿Cuál sería el valor de γ_3?

$$4,8 \;\square \qquad 6 \;\square \qquad 0,5 \;\square \qquad 4,1 \;\square \qquad \text{............} \;\square$$

13. Los datos anteriores se han agrupado por semanas. Es decir, tenemos una nueva serie U_t = "ingresos en la semana t". Los valores iniciales de esta nueva serie son: 1448,8; 1515,2 y 1639,7. Calcula la previsión para t = 5 según el método de suavizado exponencial que creas más adecuado, con un factor de ponderación $\lambda = 0,4$.

$$1661,7 \;\square \qquad 1649,2 \;\square \qquad 1650,4 \;\square \qquad 1655,4 \;\square \qquad \text{............} \;\square$$

En el correlograma de una serie temporal con 80 datos observados se ha obtenido $r_6 = 0,83$; $r_7 = 0,44$; $r_8 = 0,40$; $r_9 = 0,72$; $r_{10} = 0,39$ y $V(r_{10}) = 0,1$.

14. ¿Cuánto debe valer el valor absoluto de r_1, como mínimo, para que, con el riesgo habitual, pueda ser considerado significativo?

$$0,21 \;\square \qquad 0,22 \;\square \qquad 0,24 \;\square \qquad 0,26 \;\square \qquad \text{............} \;\square$$

15. ¿Qué se puede decir sobre la tendencia de la serie?

No tiene $\square$ Parece cuadrática $\square$ Nada $\square$ Decrece $\square$ .... $\square$

16. ¿Cuál es la última previsión que podemos afirmar que es válida con la información disponible?

$$\hat{Y}_6 \;\square \qquad \hat{Y}_{10} \;\square \qquad \hat{Y}_{89} \;\square \qquad \hat{Y}_{90} \;\square \qquad \text{............} \;\square$$

Se quiere modelizar utilizando la descomposición clásica el consumo cuatrimestral de gas en una casa. Las primeras observaciones son 10,7; 11,9; 19,0; 13,2; 15,5; 23,9; 17,2; 18,8; 26,7 y 20. Además, se sabe que la característica principal de la estacionalidad es que el ritmo de crecimiento del consumo del tercer cuatrimestre es sensiblemente mayor que el del resto del año.

17. ¿Cuál es el valor de la segunda media móvil que se puede calcular?

$$\overline{Y}_2 = 14,7 \;\square \qquad \overline{Y}_3 = 14,7 \;\square \qquad \overline{Y}_2 = 13,9 \;\square \qquad \overline{Y}_3 = 13,9 \;\square \qquad \text{............} \;\square$$

18. ¿Cuánto vale E_1^*?

$$0,77 \;\square \qquad 0,81 \;\square \qquad 0,85 \;\square \qquad 0,89 \;\square \qquad \text{............} \;\square$$

La serie suavizada correspondiente a los datos $Y_1 = 2,3$; $Y_2 = 3,5$; $Y_3 = 4,2$; $Y_4 = 5,1$; $Y_5 = 5,8$, con $\lambda = 0,4$ es $S_1 = 2,30$; $S_2 = 2,78$; $S_3 = 3,35$; $S_4 = 4,05$; $S_5 = 4,75$.

19. ¿Cuál es el valor del error cuadrático medio?

$1,38$ ☐ $2,40$ ☐ $1,92$ ☐ $3,01$ ☐   .... ☐

20. Sabiendo que, en la serie anterior, $S_1^{(2)} = 2,30$; $S_2^{(2)} = 2,49$; $S_3^{(2)} = 2,83$; $S_4^{(2)} = 3,32$; $S_5^{(2)} = 3,89$, ¿cuál es la estimación, según el método de Brown, para $t = 4$?

$4,73$ ☐ $3,83$ ☐ $4,22$ ☐ $4,49$ ☐   .... ☐

Para una serie con estacionalidad de período 3, se ha obtenido el modelo

$$\hat{Y}_t = 39,0 + 0,6t - 0,037t^2 + 3,93Q_2 + 9,3Q_3 + 0,07Q_2t + 0,09Q_3t$$

21. ¿Cuál de las siguientes afirmaciones es cierta?

☐ El mayor ritmo de crecimiento corresponde a $s = 2$

☐ El mayor ritmo de crecimiento corresponde a $s = 1$

☐ En la primera estación siempre se observan valores inferiores a los demás

☐ En la segunda estación siempre se observan valores inferiores a los demás

☐ ....

22. ¿Cuál es el valor modelizado para el último instante del cuarto período?

$50,26$ ☐ $50,47$ ☐ $50,66$ ☐ $51,25$ ☐   .... ☐

23. Según las previsiones, ¿cuándo alcanzará la serie un valor negativo por primera vez?

40 ☐ 43 ☐ 44 ☐ 48 ☐   .... ☐

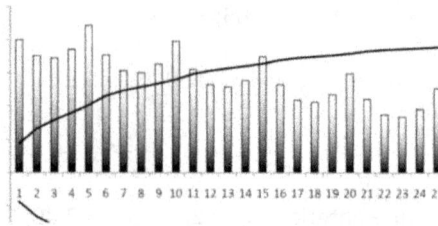

En un comercio, que sólo abre algunos días a la semana, se han modelizado las pérdidas diarias por robo, recogidas durante 26 semanas completas, como

$$\hat{Y}_t = 45,2 + 0,42t + 8,3Q_2 - 3,5Q_3 + 12,2Q_4 + 0,03Q_3t - 0,02Q_4t$$

La figura muestra parte del correlograma correspondiente a esta serie. Durante su elaboración se ha obtenido $\hat{\gamma}_1 = 223,217$, $r_2 = 0,706$ y $V(r_2) = 0,018$.

24. ¿Cuánto vale la última previsión admisible?

   99,8 ☐   100,6 ☐   104,0 ☐   106,1 ☐   108,2 ☐   110,3 ☐   .... ☐

25. ¿Cuál es el valor de la variancia de los datos, $\hat{\gamma}_0$?

   -272,7 ☐   -264,0 ☐   -256,0 ☐   256,0 ☐   264,0 ☐   272,7,0 ☐   .... ☐

26. El comercio tiene presupuesto suficiente para contratar un agente de seguridad un día a la semana. Si, a largo plazo, todo continuase como hasta ahora, ¿cuál de los días de la semana en que abre el comercio sería el mejor para hacerlo?

   primero ☐   segundo ☐   tercero ☐   cuarto ☐   quinto ☐

Una compañía eléctrica ofrece una promoción según la cual se puede pagar por adelantado el consumo de todo 2011 con una tarifa plana de 600€. Para valorar la conveniencia de acogerse a la promoción, a partir de los gastos trimestrales de los últimos 10 años, se ha encontrado el modelo $\hat{Y}_t = 149,25 + 0,44t - 15,26Q_2 - 1,92Q_3 + 1,72Q_4$. (Supóngase que en todo el período de tiempo considerado, incluido 2011, no ha habido cambio de tarifas)

27. ¿Cuánto esperamos ahorrar si nos acogemos a la promoción?

   21,54 ☐   31,67 ☐   56,34 ☐   103,57 ☐   128,60 ☐   .... ☐

28. ¿Cuál de estas afirmaciones es falsa?

☐ La serie tiene un comportamiento aditivo puro

☐ El trimestre de primavera (abril-junio) es el de menor consumo de todo el año

☐ Sólo se observa un crecimiento del gasto en electricidad los primeros trimestres del año

☐ El gasto medio presenta un crecimiento sostenido, ni se acelera ni se frena

☐ ………………………………………………………………

29. ¿Cuánto valdría la ordenada en el origen de la tendencia en un modelo de descomposición clásica equivalente al obtenido?

136,69 ☐   139,22 ☐   145,39 ☐   157,19 ☐   163,45 ☐   ………… ☐

La figura muestra las 64 observaciones de una serie y su correspondiente correlograma. Los últimos datos observados son $Y_{62} = 341,9$; $Y_{63} = 327,2$ y $Y_{64} = 313,1$. Además, sabemos que, con $\lambda = 0,4$, $S_{63} = 323,628$ y $S_{63}^{(2)} = 312,819$.

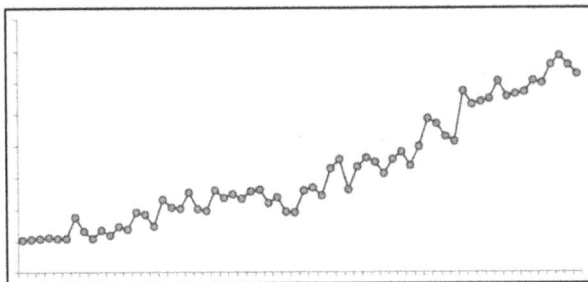

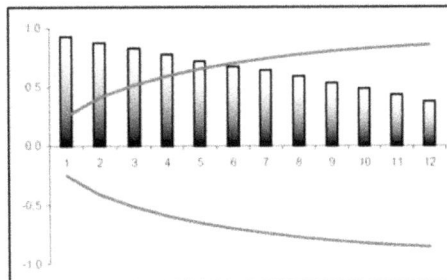

30. ¿Cuánto vale la última previsión admisible?

164,5 ☐   178,1 ☐   223,3 ☐   226,6 ☐   336,6 ☐   ………… ☐

31. Si se utilizase un suavizado exponencial simple con $\lambda = 0,4$, ¿cuál sería el valor del error de previsión para $t = 64$?

-12,23 ☐   -10,53 ☐   3,73 ☐   3,95 ☐   7,76 ☐   ………… ☐

32. Los extremos de los intervalos de no significación del segundo y del tercer coeficientes de autocorrelación son, respectivamente, $\pm 0,413$ y $\pm 0,516$. ¿Cuánto vale r_2?

0,618 ☐   0,814 ☐   0,829 ☐   0,875 ☐   0,885 ☐   ………… ☐

El comportamiento medio de una serie con estacionalidad de período 5 se ha modelizado mediante una recta de pendiente 1,34. Con el modelo clásico se ha obtenido $\hat{Y}_7 = 23,4$ e $\hat{Y}_{22} = 88,62$.

33. ¿Qué tipo de conjunción entre la tendencia y la estacionalidad presenta este modelo?

aditiva ☐   multiplicativa ☐   mixta ☐   no se sabe ☐   ………… ☐

El encargado de un restaurante necesita prever el número de menús diarios que tendrá que servir para comprar los ingredientes previamente. El siguiente gráfico muestra el número de menús diarios vendidos hasta la actualidad.

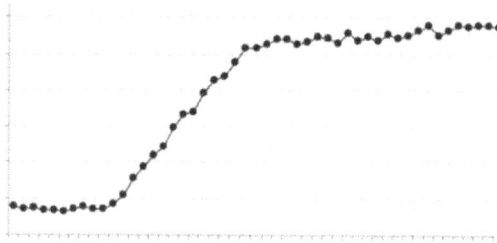

34. ¿Qué método escogerías para hacer previsiones?

suavizado exponencial simple, λ grande ☐   Brown, λ grande ☐

suavizado exponencial simple, λ pequeña ☐   Brown, λ pequeña ☐

…………………………………………… ☐

Para estudiar los ritmos de producción de una fábrica instalada recientemente con una elevada proporción de personal en formación, y después de comprobar que no existen diferencias relevantes en la producción de los distintos días de la semana, se han anotado las producciones de cada uno de los tres turnos (noche, mañana, tarde) de la fábrica, durante 20 días laborables (empezando por el turno de noche). La descomposición clásica ha dado lugar a los dos modelos de tendencia $T1_t = 432,7 + 0,06t$ y $T2_t = 432,4 + 0,127t - 0,003t^2$ con residuos representados en la figura y ha permitido afirmar que en el turno de tarde la producción está 4,3 unidades por debajo de la media, y en el de noche, 3,6 unidades por encima de la media.

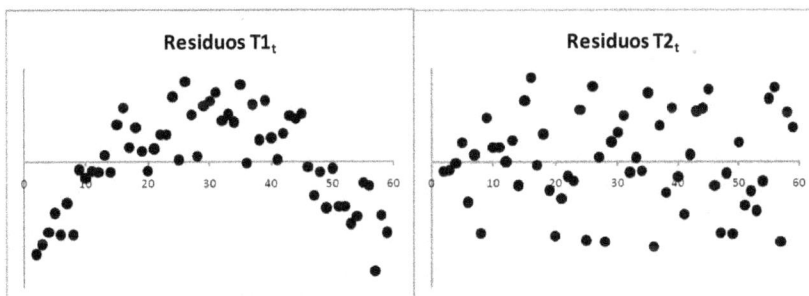

35. Si la producción observada para t = 54 es 432,6, ¿cuánto vale R_{54}?

    5,89 ☐   6,39 ☐   -518,470 ☐   2283,79 ☐   .... ☐

36. Al elaborar el correlograma de la serie anterior se ha obtenido $r_{12} = 0,743$; $r_{13} = -0,366$; $r_{14} = -0,221$; $r_{15} = 0,663$ y $S_{(r15)} = 0,755$. ¿Cuánto vale el extremo superior del intervalo de no significación del último coeficiente de autocorrelación significativo?.

    0,687 ☐   0,690 ☐   0,696 ☐   0,698 ☐   .... ☐

Al modelizar la serie del bloque anterior utilizando variables categóricas se ha obtenido el modelo $\hat{Y}_t = 434,67 + 0,17t - 0,002t^2 - 6,64Q_3 - 0,09Q_2t - 0,04Q_3t$

37. ¿Cuál de los dos modelos es más adecuado para hacer previsiones?

    clásico ☐   categóricas ☐   da lo mismo ☐   ninguno ☐   .... ☐

38. ¿En cuál de los tres turnos hay más producción en el séptimo día?

    mañana ☐   tarde ☐   noche ☐   empate ☐   .... ☐

Un comerciante está estudiando los beneficios trimestrales que ha obtenido desde que abrió cuatro locales hace 15 años (60 trimestres). Los primeros valores de la serie de beneficios totales son 525,99; 579,20; 522,32; 610,86; 579,56; 607,38; 565,65; 645,77; 615,95; 651,11; 568,40; 685,94; 625,38; . . . Para esta serie, conocemos los coeficientes de autocorrelación $r_4 = 0,817$; $r_5 = 0,450$ y $r_6 = 0,563$.

No satisfecho con los resultados obtenidos, también ha modelizado, por separado, los beneficios trimestrales en cada uno de los cuatro locales y ha obtenido los modelos de la figura. Para uno de los locales ha obtenido el modelo $\hat{Y}_t = 133 + 2,4t + 8Q_2 - 13Q_3 + 75Q_4 + 2Q_2t + 0,1Q_3t - 0,1Q_4t$. En este local, los beneficios del último trimestre del quinto año de recogida de datos fueron 261,0.

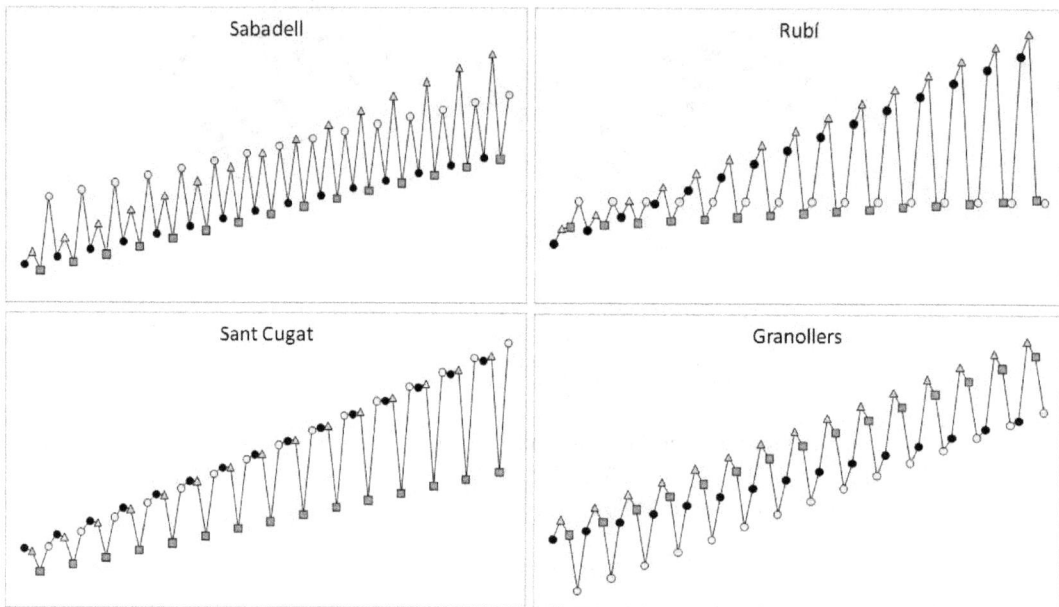

Sabadell

Rubí

Sant Cugat

Granollers

39. ¿A qué local corresponde el modelo $\hat{Y}_t$?

　　　Sabadell ☐　　　Rubí ☐　　　Sant Cugat ☐　　　Granollers ☐　　　............ ☐

40. ¿Cuál es el residuo del modelo $\hat{Y}_t$ para el último trimestre del quinto año?

　　　-9,6 ☐　　　-3,7 ☐　　　1,7 ☐　　　7 ☐　　　............ ☐

41. ¿Cuál es la segunda media móvil que se puede calcular para la serie de beneficios totales?

　　　570,69 ☐　　　-572,52 ☐　　　574,19 ☐　　　576,51 ☐　　　............ ☐

42. Para la serie beneficios totales, ¿cuál es el máximo valor que puede tomar $\hat{V}(r_4)$ para que r_6 sea significativo?

　　　0,045 ☐　　　0,047 ☐　　　0,050 ☐　　　0,052 ☐　　　............ ☐

43. Finalmente, ha construido una última serie con los beneficios totales anuales (15 valores). Utilizando el método basado en suavizado exponencial más adecuado para esta serie, y con factor de ponderación λ = 0,5, calcula el beneficio total modelizado para el tercer año.

2370,93 □   2377,16 □   2385,36 □   2398,36 □   .... □

Para describir la serie de la figura se han propuesto los siguientes modelos

M1: $\hat{Y}_t = 14,7 + 1,2t - 8,5Q_2 + 1,3Q_3 + 0,5Q_3t$

M2: $\hat{Y}_t = 11,7 + 1,4t - 8,5Q_2 + 14,2Q_3 - 0,4Q_3t$

M3: $\hat{Y}_t = 48,1 - 42Q_2 - 32,2Q_3 - 33,5Q_4 + 1,2Q_2t + 1,7Q_3t + 1,2Q_4t$

M4: $\hat{Y}_t = 12,8 + 1,3t - 0,2Q_2t + 0,5Q_3t - 0,1Q_4t$

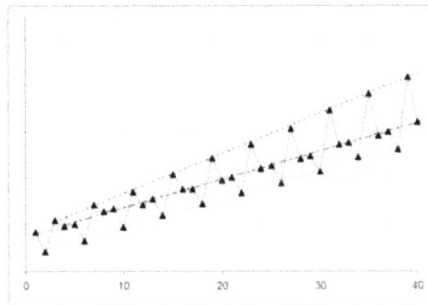

44. ¿Cuál de los modelos crees que explicaría mejor la serie?

M1 □   M2 □   M3 □   M4 □   .... □

45. ¿Cuál de los gráficos de residuos siguientes puede corresponder al modelo M3?

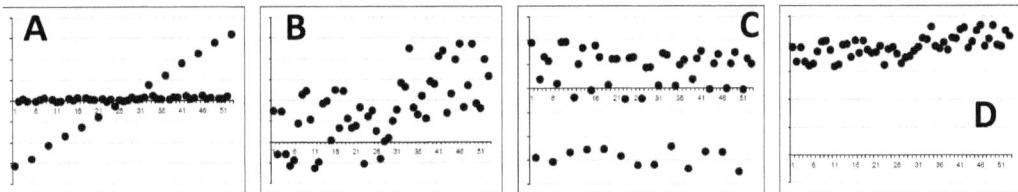

A □   B □   C □   D □

46. En un modelo de descomposición clásica equivalente a M2, ¿Cuál sería el valor del índice estacional E_1?

-1,8 □   -1,3 □   0 □   1,4 □   .... □

47. Si el modelo escogido fuese M1, ¿cuál sería la previsión para el instante t = 77?

   98,6 ☐   107,1 ☐   138,4 ☐   146,9 ☐   .... ☐

48. Se han observado los valores de la serie Y_t = 76,3; Y_{t+1} = 58,6; Y_{t+2} = 60,2; Y_{t+3} = 52,4; Y_{t+4} = 83,8; Y_{t+5} = 64,1. Calcula la segunda media móvil que se puede obtener a partir de estos valores.

   $\bar{Y}_{t+2} = 66{,}26$ ☐ $\bar{Y}_{t+1} = 63{,}75$ ☐ $\bar{Y}_{t+3} = 64{,}44$ ☐ $\bar{Y}_{t+2} = 57{,}10$ ☐   .... ☐

Se dispone de un modelo multiplicativo, según la descomposición clásica, de una serie de datos de período 6 de la que se conocen 124 valores. La tendencia es T_t = 17,3 + 1,9t. Se han calculado los índices estacionales E_1 = 0,89 y E_3 = 1,12 y se sabe que todas las estaciones, que no sean ni la primera ni la tercera, tienen el mismo comportamiento. En el cálculo del correlograma ha resultado r_1 = 0,95; γ_1 = 494,96; r_{11} = 0,71; γ_{12} = 3374,12 y r_k < 0,7, para todo k ≥ 13. Además, $\hat{V}(r_{11}) = 0{,}12$

49. ¿Cuál es la última previsión admisible?

   $\hat{Y}_{10}$ ☐ $\hat{Y}_{134}$ ☐ $\hat{Y}_{135}$ ☐   256,0 ☐   no se puede saber ☐   .... ☐

50. Calcula $\hat{Y}_{125}$.

   224,86 ☐   254,16 ☐   285,38 ☐   989,26 ☐   .... ☐

51. Si, en la elaboración del modelo se ha obtenido $\bar{E}$ = 1,01, ¿cuál ha sido el valor de E_3^* ?

   0,11 ☐   1,11 ☐   1,13 ☐   2,13 ☐   .... ☐

El gráfico siguiente muestra el número medio mensual de presos en España desde 01/1990 hasta 11/1994.

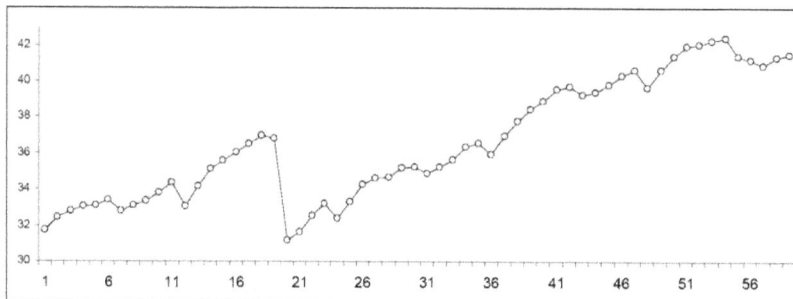

52. ¿Cuál de los métodos descritos en este libro crees que es más adecuado para hacer previsiones?

Descomposición clásica ☐   Modelo con variables categóricas ☐

Suavizado exponencial simple ☐   Brown ☐

.... ☐

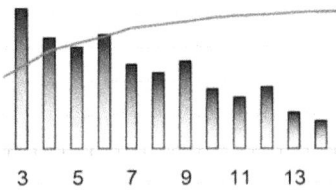

El gráfico muestra parte del correlograma correspondiente a la serie de consumos cuatrimestrales de agua de un usuario, modelizada como $\hat{Y}_t = 15,47 + 0,18t + 2Q_2 - 2Q_3 + 0,05Q_3t$. Durante su elaboración se ha obtenido $r_4 = 0,656$; $r_5 = 0,602$; $r_6 = 0,675$, y la variancia de r_4, que es 0,07. A partir de este correlograma, se ha determinado que la última previsión que se puede hacer vale 32,10.

53. ¿Cuál es la amplitud del intervalo de no significación para r_4?

0,13 ☐   1,14 ☐   0,53 ☐   1,06 ☐   .... ☐

54. ¿De cuántas observaciones de la serie se dispone?

56 ☐   75 ☐   81 ☐   99 ☐   .... ☐

55. Según el modelo, inicialmente el consumo de agua del tercer cuatrimestre es inferior al del segundo, pero a partir de un cierto momento el consumo del tercer cuatrimestre supera al del segundo. ¿En qué año tiene lugar este hecho por primera vez?

1 ☐   26 ☐   77 ☐   80 ☐   .... ☐

Se está buscando un modelo clásico multiplicativo a partir de 50 datos de una serie temporal. En su representación gráfica se ha observado una estacionalidad de período 4. Durante la modelización de la tendencia se han obtenido los resultados de la figura.

Estadísticas de la regresión	
Coeficiente de determinación R^2	0.987
Observaciones	46

ANÁLISIS DE VARIANZA	Valor crítico de F
	6.25E-43

	Coeficientes	Probabilidad
Intercepción	31.77	2.88E-50
Variable X 1	0.75	6.25E-43

En la modelización de la estacionalidad se ha obtenido $E_1^* = 1,2$, $E_2^* = 0,7$; $E_3^* = 0,9$; $E^* = 1,3$.

56. El cuarto residuo obtenido con el modelo de tendencia de la figura vale −1,756, el quinto −1,286, y el sexto, −0,807. ¿Cuánto vale la media móvil $\overline{Y}_6$?

$33,01 \square$ $33,67 \square$ $34,51 \square$ $34,98 \square$ .... $\square$

57. ¿Cuál es la previsión para t = 53?

$71,52 \square$ $72,69 \square$ $83,73 \square$ $85,82 \square$ .... $\square$

58. ¿Cuánto vale el índice estacional E_2?

$-0,325 \square$ $0,126 \square$ $0,683 \square$ $0,972 \square$ .... $\square$

59. Si se han obtenido los valores $W_9 = 1,18$; $W_{13} = 1,15$; $W_{17} = 1,18$; $W_{21} = 1,21$; $W_{25} = 1,21$; $W_{29} = 1,17$; $W_{33} = 1,22$; $W_{37} = 1,15$; $W_{41} = 1,20$ y $W_{45} = 1,23$, ¿cuánto vale W_5?

$1,18 \square$ $1,30 \square$ $25,21 \square$ $30,34 \square$ .... $\square$

La serie de los consumos diarios de energía de una empresa no muestra variaciones según los días de la semana, pero sí una cierta tendencia creciente con una pendiente que cambia con el tiempo. Para evitar penalizaciones sobre las variaciones de consumo respecto la potencia contratada, la empresa sólo contratará energía para los días para los cuales sea lícito hacer previsiones. Los primeros datos observados son 29,65; 30,94; 32,43 y 33,75.

60. Los coeficientes de autocorrelación decrecen al aumentar el desplazamiento. Entre sus estimaciones se ha obtenido $r_3 = 0,82$; $r_4 = 0,76$ y $r_5 = 0,70$. Además, $\hat{V}(r_1) = 0,02$ y la desviación tipo de r_4 es 0,34. ¿Para cuántos días se comprará energía por adelantado?

por lo menos 3 $\square$ exactamente 4 $\square$ 4 o más $\square$ al menos 5 $\square$ .... $\square$

61. Utiliza el factor de ponderación $\lambda = 0,2$ para hacer la previsión para $t = 3$ utilizando el método más adecuado para esta serie.

   29,91 ☐   30,17 ☐   30,41 ☐   31,82 ☐   .... ☐

62. ¿Cuánto vale el error cuadrático medio de un suavizado exponencial simple con $\lambda = 0,1$ para los datos disponibles?

   4,54 ☐   7,48 ☐   30,41 ☐   31,82 ☐   .... ☐

Para la serie de accesos trimestrales a un sitio web se ha observado una tendencia creciente, con un crecimiento inicial de 2780 accesos por trimestre, que se frena a lo largo del tiempo. Esta evolución es idéntica en los cuatro trimestres del año. El número de accesos del primer trimestre supera la media en 798, en el segundo trimestre hay 529 accesos menos que la media y no hay diferencias entre los accesos del tercer y cuarto trimestre.

63. En un modelo con variables categóricas que refleje el comportamiento del enunciado, ¿cuánto valdría el coeficiente de Q_3, β_3?

   -932,5 ☐   -269,0 ☐   -134,5 ☐   147,3 ☐   .... ☐

64. El valor modelizado para $t = 7$ es 23691,5 y para $t = 9$ es 29288,0. ¿Cuánto vale la previsión para $t = 15$?

   15744,7 ☐   32854,6 ☐   41003,5 ☐   53854,3 ☐   .... ☐

65. En un modelo con variables categóricas que refleje el comportamiento del enunciado, ¿cuánto vale el coeficiente de $Q_2 t$, γ_2?

   0 ☐   529 ☐   2251 ☐   2780 ☐   .... ☐

7.2 Soluciones

Durante 15 semanas, se ha tomado nota del gasto en energía eléctrica diario de un almacén en el que se trabaja de lunes a viernes. Se ha modelizado su evolución utilizando un modelo con variables categóricas. El modelo obtenido ha sido $\hat{Y}_t = 138,2 + \alpha_1 t + \beta_2 Q_2 - 27,2 Q_3 + \beta_4 Q_4 + 3 Q_5$. *Para cierto instante* t_0, *sabemos* $\hat{Y}_{t_0+5} - \hat{Y}_{t_0} = 63,25$ *que. Además, se ha obtenido un modelo de descomposición clásica equivalente, con* $E_1 = -11,4$, $E_2 = 25,9$ *y* $E_4 = 32,5$.

1. *¿Cuál es el valor estimado para* α_1?

$$8,74 \ \square \qquad 10,25 \ \square \qquad 11,26 \ \square \qquad 12,65 \ \blacksquare \qquad \ldots\ldots\ldots \ \square$$

Uno de los datos disponibles es $\hat{Y}_{t_0+5} - \hat{Y}_{t_0} = 63,25$. Teniendo en cuenta que tenemos datos diarios, de lunes a viernes, sabemos que el período de la serie es de longitud 5. Por tanto, los instantes t_0 y t_{0+5} corresponden a la misma estación s_0 (mismo día de la semana). Así, pues,

$$63,25 = (138,2 + \alpha_1(t_0 + 5) + \beta_{s0}) - (138,2 + \alpha_1(t_0) + \beta_{s0}) = 5\alpha_1$$

Por lo tanto, $\alpha_1 = 63,25/5 = 12,65$

2. *¿Cuánto vale el índice estacional* E_5?

$$-10,2 \ \square \qquad -8,4 \ \blacksquare \qquad -6,6 \ \square \qquad -3,2 \ \square \qquad \ldots\ldots\ldots \ \square$$

Sabemos que β_5 es la diferencia entre la ordenada en el origen de los viernes (5ª estación) y la de los lunes (1ª estación). Per tanto $\beta_5 = 3 = (138 + E_5) - (138,2 + E_1)$, de donde $E_5 = 3 + (-11,4) = -8,4$

3. *¿Cuántos valores de la serie auxiliar Wt han intervenido en el cálculo de* E_4^*?

$$5 \ \square \qquad 12 \ \square \qquad 14 \ \blacksquare \qquad 15 \ \square \qquad \ldots\ldots\ldots \ \square$$

E_4^* es la media de todos los valores de la serie auxiliar W_t de instantes correspondientes a la cuarta estación (jueves) disponibles. Sabemos que sólo podemos calcular esta serie para instantes para los cuales tengamos asociada una media móvil. Si tenemos 15 semanas (lunes-viernes), tendremos 75 observaciones. Teniendo en cuenta que el período de la serie es 5, dispondremos de las medias móviles siguientes:

	semana 1					semana 2					semanas 3 ... 14		semana 15				
t	1	2	3	4	5	6	7	8	9	10	•••	70	71	72	73	74	75
s	1	2	3	4	5	1	2	3	4	5			1	2	3	4	5
$\hat{Y}_t$?	x	x	✓	✓	✓	✓	✓	✓	✓	✓	✓✓✓	✓	✓	✓	✓	x	x

Como que de las 15 semanas sólo hay una para la que no exista valor de W correspondiente al jueves, en la media descrita anteriormente intervendrán 14 valores de W.

4. *En la construcción del correlograma, se ha observado que todos los coeficientes de autocorrelación son positivos, y decrecen a medida que aumenta su orden ($r_{k+1} < r_k$). Además, se ha obtenido $r_6 = 0,73$ y $V(r_5) = 0,11$. ¿Cuál es el valor máximo que puede alcanzar r_5 para que la sexta previsión sea admisible?*

0,69 ☐   0,78 ☐   0,86 ☐   0,98 ☐   -0,93 ◼

Para que la sexta previsión sea admisible, es necesario que r_6 sea significativo, es decir, que $r_6 > 2S(r_6)$.

Para encontrar el extremo superior del intervalo de no significación de r_6 necesitamos su variancia. Utilizando la definición de ésta y sabiendo que disponemos de 75 observaciones (15 semanas de 5 días):

$$V(r_6) = V(r_5) + \frac{2}{75} r_5^2 = 0,11 + \frac{2}{75} r_5^2$$

Por tanto,

$$2S(r_6) = 2\sqrt{0,11 + \frac{2}{75} r_5^2}$$

Así pues, r_6 será significativo si

$$2S(r_6) < r_6$$

$$\Updownarrow$$

$$2S(r_6) = 2\sqrt{0,11 + \frac{2}{75} r_5^2}$$

$$\Updownarrow$$

$$|r_5| < \sqrt{\frac{75}{2}\left(\left(\frac{0,73}{2}\right)^2 - 0,11\right)}$$

$$\Updownarrow$$

$$r_5 < 0,93$$

El mismo almacén ha recogido también los consumos diarios de agua, en litros. El modelo obtenido en este caso ha sido $\hat{Y}_t = 237,4 + 7,6t + 15,2Q_2 - 13,4Q_3 + 25,4Q_4 + 0,5Q_2t - 0,2Q_3t + 0,8Q_4t + 1,3Q_5t$.

5. *Según las previsiones, ¿qué día se superarán por primera vez los 1000 litros de agua?*

83 □   86 □   89 ■   101 □   .... □

De entrada, no sabemos en qué día de la semana se superarán los 1000 litros por primera vez. Por tanto, tendremos que ver cuál es el primer lunes con un consumo superior a 1000 litros, el primer martes, el primer miércoles...

Lunes: la trayectoria correspondiente al lunes (s = 1) es:

$$\hat{Y}_t = 237,4 + 7,6t$$

Para superar los 1000 litros un lunes es necesario que 237,4 + 7,6t > 1000, o sea, que t > 100,34. El primer lunes con t > 100,34 es el día t = 101.

Martes: la trayectoria del martes (s = 2) es:

$$\hat{Y}_t = 237,4 + 7,6t + 15,2 + 0,5t = 252,6 + 8,1t$$

Para superar los 1000 litros un martes es necesario que 252,6 + 8,1t > 1000, es decir, t > 92,27. El primer martes con t > 92,27 es el día t = 97.

Miércoles: la trayectoria del miércoles (s = 3) es:

$$\hat{Y}_t = 237,4 + 7,6t - 13,4 - 0,2t = 224 + 7,4t$$

Para superar 1000 litros un miércoles es necesario que 224 + 7,4t > 1000, es decir, t > 104,86. El primer miércoles con t > 104,86 es el día t = 108.

Jueves: la trayectoria del jueves (s = 4) es:

$$\hat{Y}_t = 237,4 + 7,6t + 25,4 + 0,8t = 262,8 + 8,4t$$

Para superar los 1000 litros un jueves es necesario que 262,8 + 8,4t > 1000, es decir, t > 87,76. El primer jueves con t > 87,76 es el día t = 89.

Viernes: la trayectoria del viernes (s = 5) es:

$$\hat{Y}_t = 237,4 + 7,6t + 1,3t = 237,4 + 8,9t$$

Para superar los 1000 litros un viernes es necesario que 237,4 + 8,9t > 1000, es decir, t > 85,69. El primer viernes con t > 85,69 es el día t = 90.

El menor de los tiempos encontrados para los distintos casos es t = 89. Por tanto, según las previsiones, se superarán los 1000 litros por primera vez el día 89 que corresponde a un jueves.

6. *El consumo observado el miércoles de la tercera semana ha sido 315,7 litros. ¿Cuál es el valor del residuo correspondiente?*

-7,3 ☐   -4,5 ■   1,4 ☐   7,1 ☐   .... ☐

El miércoles de la tercera semana corresponde al instante t = 2·5 + 3 = 13. El valor modelizado para este instante será:

$$\hat{Y}_{13} = 237,4 + 7,6(13) - 13,4 - 0,2(13) = 320,2$$

Por lo tanto, el residuo es: $r_{13} = Y_{13} - \hat{Y}_{13} = 315,7 - 320,2 = -4,5$

7. *¿Cuál de las siguientes afirmaciones es cierta?*

☐ El consumo de agua de los miércoles decrece semana a semana

Esto es falso. El crecimiento de los miércoles es más lento que el de los lunes, pero no hay decrecimiento.

☐ Los viernes se consume más agua que los lunes

Falso. La ordenada en el origen correspondiente al viernes es la misma que la del lunes, pero sus pendientes son distintas.

☐ En promedio, el consumo de agua crece a un ritmo de 7,6 litros al día

Falso. El crecimiento de 7,6 litros diarios corresponde al lunes pero no es el crecimiento medio; el resto de días de la semana se observan ritmos de crecimiento distintos.

■ En promedio, cada jueves se consumen 42 litros más de agua que en el jueves anterior

Esto es cierto. El ritmo de crecimiento asociado al jueves es 7,6 + 0,8 = 8,4 litros/día. De un jueves al siguiente pasan 5 días hábiles, por tanto, la diferencia entre dos jueves consecutivos será 8,4·5 = 42

☐ ....

8. *Los primeros consumos observados son 230,5; 245,1; 235,9; 287,7; 267,5; 286,4 y 315,0. ¿Cuánto vale la segunda media móvil que se puede calcular?*

263,9 ☐   264,5 ■   265,2 ☐   266,4 ☐   .... ☐

La segunda media móvil que se puede calcular será la media de los valores $Y_2,...,Y_6$, es decir,

$$\overline{Y}_6 = \frac{245,1 + 235,9 + 287,7 + 267,5 + 286,4}{5} = 264,5$$

Se han estudiado los ingresos diarios de una peluquería que abre de miércoles a sábado. El estudio parece indicar que, en promedio, los ingresos iniciales de 354€, han ido aumentando a un ritmo de 5,4€ diarios. Además, parece que los ingresos de miércoles y jueves son 58€ y 38€ inferiores a la media, respectivamente, mientras que los sábados superan en 94€ la media.

A partir de datos recogidos empezando un miércoles se proponen los modelos siguientes:

M1: $\hat{Y}_t = 354 + 5,4t - 58Q_1 - 38Q_2 + 94Q_4$

M2: $\hat{Y}_t = 354 + 5,4t + 20Q_2 + 58Q_3 + 152Q_4t$

M3: $\hat{Y}_t = T_t + E_{s(t)}$; $T_t = 354 + 5,4t$; $E_1 = -58$; $E_2 = -38$; $E_3 = 2$; $E_4 = 94$

M4: $\hat{Y}_t = T_t \cdot E_{s(t)}$; $T_t = 610,3 + 9,3t$; $E_1 = 0,58$; $E_2 = 0,38$; $E_3 = 1,1$; $E_4 = 1,94$

9. *¿Cuál de los modelos anteriores refleja las características descritas?*

M1 ☐   M2 ☐   M3 ■   M4 ☐   .... ☐

En primer lugar, podemos excluir el modelo M_1, ya que interviene la variable categórica Q_1, que no utilizamos nunca en la modelización con variables categóricas.

El enunciado nos dice que los ingresos iniciales han ido aumentando a un ritmo de 5,4€ diarios, por lo tanto, en promedio, la tendencia debe ser lineal con una pendiente igual a 5,4. Todas las variaciones debidas a la estacionalidad hacen referencia a diferencias en el nivel de ingresos, no a su ritmo de crecimiento, por tanto, nos están describiendo un modelo aditivo. Esto excluye M4, que es multiplicativo, y M2 que es mixto.

Comprobemos que el único modelo que nos queda, M3, realmente refleja las características descritas:

$$\hat{Y}_t = T_t + E_{s(t)} \text{ modelo aditivo}$$

$T_t = 354 + 5,4t$ ingresos iniciales de 354€ con crecimiento uniforme de tasa 5,4.

$E_1 = -58$ ingresos 58€ inferiores a la media de los miércoles

$E_2 = -38$ ingresos 38€ inferiores a la media de los jueves

$E_4 = 94$ ingresos 94€ superiores a la media de los sábados

$E_3 = 2$ modelo coherente, ya que $E_1 + E_2 + E_3 + E_4 = 0$

El gráfico muestra los residuos correspondientes a uno de los modelos anteriores.

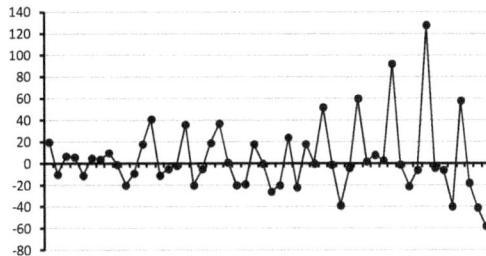

10. *¿Cuál de las siguientes afirmaciones es cierta?*

☐ Los residuos no presentan ninguna anomalía

■ Este modelo no es adecuado

☐ Los residuos son demasiado elevados para aceptar el modelo

☐ Sería necesario un gráfico probabilístico para poder valorar estos residuos

☐ ....

A medida que avanza el tiempo, los residuos crecen en valor absoluto. Por tanto, estos residuos pertenecen a un modelo inaceptable y sería necesario plantear otro modelo distinto al actual.

11. *Si el tercer viernes se han ingresado 426,7€ y se utiliza el modelo M2, ¿cuánto vale el correspondiente residuo?*

-8,2 ☐   9,3 ☐   25,3 ☐   -44,7 ■   .... ☐

Como la peluquería abre de miércoles a sábado y los datos han empezado a recogerse un miércoles, el tercer viernes es el día correspondiente a t = 11, con s = 3. Por lo tanto, el valor modelizado con M2 para este día es

$$\hat{Y}_{11} = 354 + 5,4(11) + 20 \cdot 0 + 58 \cdot 1 + 152 \cdot 0 = 471,4$$

Resultando un residuo igual a $R_{11} = 426,7 - 471,4 = -44,7$

12. *Si se desease escribir un modelo en variables categóricas equivalente al M4, ¿Cuál sería el valor de γ_3?*

4,8 ■   6 □   0,5 □   4,1 □   .... □

El coeficiente γ_3 es la diferencia entre la pendiente de la tercera estación y la de la primera. Según el modelo M4, cuando estamos en la primera estación (s = 1) la evolución es $\hat{Y}_t = (610,3 + 9,3t)\cdot 0,58 = 353,974 + 5,394t$, mientras que en la tercera estación (s = 3) tenemos $\hat{Y}_t = (610,3 + 9,3t)\cdot 1,1 = 671,33 + 10,23t$.

Dado que la tendencia es lineal, el modelo en variables categóricas será de la forma:

$$\hat{Y} = \alpha_0 + \alpha_1 t + \beta_2 Q_2 + \beta_3 Q_3 + \beta_4 Q_4 + \gamma_2 Q_2 t + \gamma_3 Q_3 t + \gamma_4 Q_4 t$$

Para s = 1, este modelo toma la forma: $\hat{Y} = \alpha_0 + \alpha_1 t$

Por lo tanto, para que coincida con el modelo M4, es necesario que $\alpha_0 = 353,974$ y $\alpha_1 = 5,394$.

Para s = 3, el modelo en variables categóricas tomará la forma

$$\hat{Y} = 353,974 + 5,394t + \beta_3 + \gamma_3 t = (353,974 + \beta_3) + (5,394 + \gamma_3)t$$

En consecuencia, $\gamma_3 = 10,23 - 5,394 = 4,836$.

13. *Los datos anteriores se han agrupado por semanas. Es decir, tenemos una nueva serie U_t = "ingresos en la semana t". Los valores iniciales de esta nueva serie son: 1448,8; 1515,2 y 1639,7. Calcula la previsión para t = 5 según el método de suavizado exponencial que creas más adecuado, con un factor de ponderación $\lambda = 0,4$.*

1661,7 □   1649,2 □   1650,4 □   1655,4 ■   .... □

Al agrupar los datos por semanas hemos eliminado la estacionalidad pero no la tendencia. Por tanto, la serie U_t es una serie con tendencia y si queremos usar un método basado en suavizado exponencial será necesario utilizar el método de Brown.

Por tanto, empecemos calculando la serie suavizada por primera y segunda vez:

t	Y	S	$S^{(2)}$
1	1448,8	1448,8	1448,8
2	1515,2	1475,36	1459,424
3	1639,7	1541,096	1492,0928

La previsión para t = 5 será $\hat{Y}_5 = \hat{a}_3 + \hat{b}_3 \cdot 2$. Por tanto, es necesario calcular $\hat{a}_3$ y $\hat{b}_3$:

$$\hat{a}_3 = 2S_3 - S_3^{(2)} = 2\cdot(1541,096)-(1492,0928)=1590,0992$$

$$\hat{b}_3 = \frac{\lambda}{1-\lambda}\left(S_3 - S_3^{(2)}\right) = \frac{0,4}{0,6}(1541,096 - 1492,0928) = 32,6688$$

De forma que, $\hat{Y}_5 = \hat{a}_3 + \hat{b}_3 \cdot 2 = 1590,0992+32,6688\cdot2=1655,4368$

En el correlograma de una serie temporal con 80 datos observados se ha obtenido $r_6 = 0,83$; $r_7 = 0,44$; $r_8 = 0,40$; $r_9 = 0,72$; $r_{10} = 0,39$ y $V(r_{10}) = 0,1$.

14. *¿Cuánto debe valer el valor absoluto de r_1, como mínimo, para que, con el riesgo habitual, pueda ser considerado significativo?*

0,21 □   0,22 ■   0,24 □   0,26 □   ………… □

Para que r_1 sea significativo, es necesario que su valor absoluto sea, como mínimo, el mismo que el extremo superior del intervalo de no significación, $2S(r_1)$. Ahora bien, $V(r_1) = 1/80 = 0,0125$, de donde $2S(r_1) = 2\sqrt{0,0125} = 0,22$.

15. *¿Qué se puede decir sobre la tendencia de la serie?*

No tiene □   Parece cuadrática □   Nada ■   Decrece □   ………… □

El correlograma no nos da ninguna información sobre la tendencia de la serie.

16. *¿Cuál es la última previsión que podemos afirmar que es válida con la información disponible?*

$\hat{Y}_6$ □ $\hat{Y}_{10}$ □ $\hat{Y}_{89}$ ■ $\hat{Y}_{90}$ □   ………… □

El último coeficiente de autocorrelación disponible es $r_{10} = 0,39$ y su variancia es $V(r_{10}) = 0,1$, por tanto, el extremo superior de su intervalo de no significación es $2S(r_{10}) = 2\sqrt{0,1} = 0,6325$. Por tanto, como $-2S(r_{10}) < r_{10} < 2S(r_{10})$, r_{10} no es significativo.

Para saber si r_9 es significativo calcularemos $V(r_9)$ utilizando el hecho de que $V(r_9) = V(r_{10}) - \dfrac{2}{N} r_9^2$. De esta forma $V(r_9) = 0,1 - \dfrac{2}{80}(0,72)^2 = 0,08704$.

Así, $2S(r_9) = 2\sqrt{0,08704} = 0,59 < r_9$, de donde se deduce que r_9 es significativo.

De hecho, para poder afirmar que r_9 ($r_9 = 0,72$) es significativo no era necesario haber calculado $2S(r_9)$ ya que sabemos que $2S(r_9) < 2S(r_{10}) < r_9$.

Consecuentemente, podemos afirmar que la previsión $\hat{Y}_{80+9} = \hat{Y}_{89}$ es admisible.

Se quiere modelizar utilizando la descomposición clásica el consumo cuatrimestral de gas en una casa. Las primeras observaciones son 10,7; 11,9; 19,0; 13,2; 15,5; 23,9; 17,2; 18,8; 26,7 y 20. Además, se sabe que la característica principal de la estacionalidad es que el ritmo de crecimiento del consumo del tercer cuatrimestre es sensiblemente mayor que el del resto del año.

17. ¿Cuál es el valor de la segunda media móvil que se puede calcular?

$\overline{Y}_2 = 14,7$ ☐ $\overline{Y}_3 = 14,7$ ■ $\overline{Y}_2 = 13,9$ ☐ $\overline{Y}_3 = 13,9$ ☐   .... ☐

Si las observaciones son cuatrimestrales, el período de la serie es 3, que es impar. Por lo tanto, para cada media móvil necesitamos tres observaciones consecutivas. El segundo grupo de observaciones consecutivas disponible es $\{Y_2, Y_3, Y_4\}$, por lo que la segunda media móvil que podemos calcular es

$$\overline{Y}_3 = \frac{Y_2 + Y_3 + Y_4}{3} = \frac{11,9 + 19,0 + 13,2}{3} = 14,7$$

18. ¿Cuánto vale E_1^*?

0,77 ☐   0,81 ☐   0,85 ■   0,89 ☐   .... ☐

Para calcular E_1^* necesitamos conocer los valores posibles de W_t para todos los instantes t correspondientes al primer cuatrimestre. Vamos a fijarnos en la tabla siguiente

t	1	2	3	4	5	6	7	8	9	10
cuatrimestre	1	2	3	1	2	3	1	2	3	1
W?	✕	✓	✓	✓	✓	✓	✓	✓	✓	✕

Vemos que los únicos valores W_t correspondientes a primeros cuatrimestres son W_4 y W_7, por lo tanto, $E_1^* = \frac{1}{2}(W_4 + W_7)$. Por lo tanto, el primer paso es calcular $\overline{Y}_4$ e $\overline{Y}_7$:

$$\overline{Y}_4 = \frac{19,0 + 13,2 + 15,5}{3} = 15,90; \quad \overline{Y}_7 = \frac{23,9 + 17,2 + 18,8}{3} = 19,97$$

Si la principal característica de la serie es que el crecimiento de un cuatrimestre es más rápido que el de los otros, es imposible que la serie sea aditiva, por lo tanto, hay que calcular W_t según un modelo multiplicativo.

De esta forma resulta $W_4 = Y_4 / \overline{Y}_4 = 13,2/15,90 = 0,83$ y $W_7 = Y_7 / \overline{Y}_7 = 17,2/19,97 = 0,86$.

De manera que:

$$E_1^* = \frac{1}{2}(0,83 + 0,86) = 0,85 .$$

La serie suavizada correspondiente a los datos $Y_1 = 2,3$; $Y_2 = 3,5$; $Y_3 = 4,2$; $Y_4 = 5,1$; $Y_5 = 5,8$, con $\lambda = 0,4$ es $S_1 = 2,30$; $S_2 = 2,78$; $S_3 = 3,35$; $S_4 = 4,05$; $S_5 = 4,75$.

19. *¿Cuál es el valor del error cuadrático medio?*

$$1,38 \;\square \qquad 2,40 \;\blacksquare \qquad 1,92 \;\square \qquad 3,01 \;\square \qquad .... \;\square$$

$$\text{MSE} = \frac{1}{4}\sum_{t=2}^{5}\left(Y_t - S_{t-1}\right)^2 = \frac{1}{4}\left((3,5-2,3)^2 + (4,2-2,78)^2 + (5,1-3,35)^2 + (5,8-4,05)^2\right) = 2,39535$$

20. *Sabiendo que, en la serie anterior, $S_1^{(2)}=2,30$; $S_2^{(2)}=2,49$; $S_3^{(2)}=2,30$; $S_3^{(2)}=2,83$; $S_4^{(2)}=3,32$; $S_5^{(2)}=3,89$, ¿cuál es la estimación, según el método de Brown, para $t = 4$?*

$$4,73 \;\square \qquad 3,83 \;\square \qquad 4,22 \;\blacksquare \qquad 4,49 \;\square \qquad .... \;\square$$

Para estimar Y_4 utilizaremos

$$\hat{Y}_4 = \hat{a}_3 + \hat{b}_3 \quad \text{con} \quad \hat{a}_3 = 2S_3 - S_3^{(2)} = 3,87 \quad \text{y} \quad \hat{b}_3 = \frac{\lambda}{1-\lambda}\left(S_3 - S_3^{(2)}\right) = 0,35$$

Por tanto, $\hat{Y}_4 = 4,22$

Para una serie con estacionalidad de período 3, se ha obtenido el modelo

$$\hat{Y}_t = 39,0 + 0,6t - 0,037t^2 + 3,93Q_2 + 9,3Q_3 + 0,07Q_2t + 0,09Q_3t$$

21. *¿Cuál de las siguientes afirmaciones es cierta?*

$\square$ El mayor ritmo de crecimiento corresponde a s = 2

Esta afirmación es falsa ya que $\gamma_3 > \gamma_2$ de manera que la pendiente de la trayectoria correspondiente a la tercera estación es superior a la de la segunda.

$\square$ El mayor ritmo de crecimiento corresponde a s = 1

Afirmación falsa ya que el hecho de que los coeficientes γ_2 y γ_3 sean positivos indica que en las estaciones 2 y 3 el crecimiento es más rápido que en la 1.

$\blacksquare$ En la primera estación siempre se observan valores inferiores a los demás

Cierto. El hecho de que los coeficiente β_2 y β_3 sean positivos indica que las ordenadas en el origen de las trayectoria correspondientes a s = 2 y s = 3 son superiores a la ordenada en el origen de la trayectoria correspondiente a s = 1 y, como además γ_2 y γ_3 son positivos, el crecimiento en las estaciones 2 y 3 es superior al de la 1. Por lo tanto, la trayectoria de la primera estación siempre va por debajo de las otras dos.

☐ En la segunda estación siempre se observan valores inferiores a los demás

Esta afirmación es contradictoria con la anterior que es cierta. Por tanto, esta es falsa.

☐ ....

22. *¿Cuál es el valor modelizado para el último instante del cuarto período?*

50,26 ☐   50,47 ☐   50,66 ☐   51,25 ■   .... ☐

Como los períodos están formados por tres puntos, el último instante del cuarto período corresponde a t = 12. Por lo tanto, hay que calcular

$$\hat{Y}_{12} = 39{,}0 + 0{,}6(12) - 0{,}037(12)^2 + 3{,}93(0) + 9{,}3(1) + 0{,}07(0 \cdot 12) + 0{,}09(1 \cdot 12) = 51{,}252$$

23. *Según las previsiones, ¿cuándo alcanzará la serie un valor negativo por primera vez?*

40 ☐   43 ■   44 ☐   48 ☐   .... ☐

Será útil encontrar las trayectorias correspondientes a las distintas estaciones:

- Si s = 1: $\hat{Y}_t = f_1(t) = 39{,}0 + 0{,}6t - 0{,}037t^2$

- Si s = 2: $\hat{Y}_t = f_2(t) = 39{,}0 + 0{,}6t - 0{,}037t^2 + 3{,}93 + 0{,}07t = 42{,}93 + 0{,}67t - 0{,}037t^2$

- Si s = 3: $\hat{Y}_t = f_3(t) = 39{,}0 + 0{,}6t - 0{,}037t^2 + 9{,}3 + 0{,}09t = 48{,}3 + 0{,}69t - 0{,}037t^2$

En los tres casos se trata de parábolas inicialmente crecientes, y después decrecientes. Buscamos, para cada una de ellas, a partir de qué valor del tiempo t toman valores negativos:

- $f_1(t) = 0$ y $t > 0$ $\Rightarrow$ $t \geq 41{,}57$. El primer valor de t superior a éste y correspondiente a una primera estación (s = 1) es t = 43.

- $f_2(t) = 0$ y $t > 0$ $\Rightarrow$ $t \geq 44{,}30$. El primer valor de t superior a éste y correspondiente a una segunda estación (s = 2) es t = 47.

- $f_3(t) = 0$ y $t > 0$ $\Rightarrow$ $t \geq 46{,}64$. El primer valor de t superior a éste y correspondiente a una tercera estación (s = 3) es t = 48.

El mínimo de estos tres valores es t = 43, por tanto, éste será el primer instante en que la serie tome valores negativos.

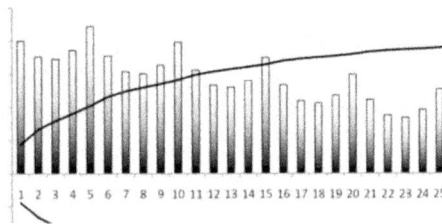

En un comercio, que sólo abre algunos días a la semana, se han modelizado las pérdidas diarias por robo, recogidas durante 26 semanas completas, como

$$\hat{Y}_t = 45,2 + 0,42t -8,3Q_2 - 3,5Q_3 +12,2Q_4 +0,03Q_3t - 0,02Q_4t$$

La figura muestra parte del correlograma correspondiente a esta serie. Durante su elaboración se ha obtenido $\hat{\gamma}_1 = 223,217$, $r_2 = 0,706$ y $V(r_2) = 0,018$.

El enunciado nos dice que el comercio sólo abre unos días a la semana, y a partir del correlograma podemos ver que la estacionalidad de la serie es de período p = 5. Por lo tanto, podemos concluir que el comercio abre 5 días a la semana y que el número total de datos disponibles es 26·5 = 130.

24. ¿Cuánto vale la última previsión admisible?

99,8 ☐   100,6 ☐   104,0 ☐   106,1 ■   108,2 ☐   110,3 ☐   .... ☐

En el correlograma vemos que es lícito hacer 15 previsiones, de manera que la última previsión admisible es $\hat{Y}_{145}$. Dado que el período de la serie es 5, el instante t = 145 corresponde a la quinta estación, y atendiendo a que $Q_5 = 1$ y $Q_2 = Q_3 = Q_4 = 0$, podemos calcular el valor modelizado correspondiente como:

$$\hat{Y}_{145} = 45,2 + 0,42(145) = 106,1$$

25. ¿Cuál es el valor de la variancia de los datos, $\hat{\gamma}_0$?

-272,7 ☐   -264,0 ☐   -256,0 ☐   256,0 ☐   264,0 ☐   272,7,0 ■   .... ☐

Tenemos el valor de $V(r_2)$, que sabemos que se ha calculado como

$$V(r_2) = \frac{1}{130}\left(1 + 2r_1^2\right) = 0,018$$

De aquí podemos despejar el valor de $r_1 = 0,8181$ (sabemos que es positivo porque γ_1 lo es). Ahora, ya que $r_1 = \hat{\gamma}_1 / \hat{\gamma}_0$, podemos encontrar $\hat{\gamma}_0 = 272,7$

26. *El comercio tiene presupuesto suficiente para contratar un agente de seguridad un día a la semana. Si, a largo plazo, todo continuase como hasta ahora, ¿cuál de los días de la semana en que abre el comercio sería el mejor para hacerlo?*

primero ☐   segundo ☐   tercero ■   cuarto ☐   quinto ☐

Al pedir qué es lo que sería necesario hacer, a largo plazo, si el modelo es aplicable, lo que importa es comprobar cuál es el día de la semana con un ritmo de pérdidas más elevado. Dado que el término cuadrático es el mismo en todas las estaciones, podemos fijarnos sólo en el término lineal. Para s = 1 el coeficiente correspondiente es 0,42. Como no hay términos con $Q_s t$ para s =2 y s = 5, los coeficientes del término lineal para estas estaciones coinciden con este valor. Para s = 3, en cambio, el coeficiente del término lineal será 0,42 + 0,03 = 0,45 y para s = 4 será 0,42 − 0,2 = 0,22. Por tanto, a la larga, los costes por robos serán mayores en la tercera estación que en el resto, ya que en ésta crecen más rápidamente. Así pues, si todo sigue como hasta ahora, lo más recomendable a largo plazo es contratar el agente el tercer día de la semana.

Una compañía eléctrica ofrece una promoción según la cual se puede pagar por adelantado el consumo de todo 2011 con una tarifa plana de 600€. Para valorar la conveniencia de acogerse a la promoción, a partir de los gastos trimestrales de los últimos 10 años, se ha encontrado el modelo $\hat{Y}_t = 149{,}25 + 0{,}44t - 15{,}26Q_2 - 1{,}92Q_3 + 1{,}72Q_4$. (Supóngase que en todo el período de tiempo considerado, incluido 2011, no ha habido cambio de tarifas)

27. *¿Cuánto esperamos ahorrar si nos acogemos a la promoción?*

21,54 ☐   31,67 ☐   56,34 ■   103,57 ☐   128,60 ☐   .... ☐

Para saber cuánto dinero esperamos ahorrar si nos acogemos a la promoción, es necesario calcular el coste modelizado del próximo año completo.

Se han recogido datos de todos los trimestres de los 10 últimos años; por tanto, se dispone de los valores desde Y_1 hasta Y_{40}, y los costes modelizados para los cuatro trimestres del nuevo año serán $\hat{Y}_{41}$, $\hat{Y}_{42}$, $\hat{Y}_{43}$ y $\hat{Y}_{44}$, correspondientes a las estaciones 1, 2, 3 y 4, respectivamente:

- $\hat{Y}_{41} = 149{,}25 + 0{,}44(41) = 167{,}29$

- $\hat{Y}_{42} = 149{,}25 + 0{,}44(42) - 15{,}26 = 152{,}47$

- $\hat{Y}_{43} = 149{,}25 + 0{,}44(43) - 1{,}92 = 166{,}25$

- $\hat{Y}_{44} = 149{,}25 + 0{,}44(44) + 1{,}72 = 170{,}33$

En total, el gasto estimado para el próximo año es 656,34. Por tanto, si aceptáramos tarifa plana, que cuesta 600€, nos ahorraríamos 656,34 − 600 = 56,34€.

28. *¿Cuál de estas afirmaciones es falsa?*

    ☐ La serie tiene un comportamiento aditivo puro

    Cierto, ya que no hay ningún término del tipo $\gamma_s Q_s t$ y, por lo tanto, las trayectorias correspondientes a las distintas estaciones tienen la misma pendiente; es decir, son paralelas. Ésta es precisamente la característica de los modelos aditivos.

    ☐ El trimestre de primavera (abril-junio) es el de menor consumo de todo el año

    Las trayectorias correspondientes a los consumos de los distintos trimestres son paralelas. Por lo tanto, el consumo será inferior durante el trimestre al que le corresponda una ordenada en el origen $\alpha_0 + \beta_s$ menor. Como β_2 es el coeficiente más pequeño asociado a las variables categóricas Q_s y es negativo, la afirmación es cierta.

    ■ Sólo se observa un crecimiento del gasto en electricidad los primeros trimestres del año

    La pendiente 0,44 es común a las trayectorias de todas las estaciones. Por lo tanto, no es cierto que sólo haya crecimiento durante el primer trimestre.

    ☐ El gasto medio presenta un crecimiento sostenido, ni se acelera ni se frena.

    La pendiente de todas las trayectorias es siempre 0,44. No hay ningún término cuadrático o de cualquier otro tipo que modifique la pendiente en ningún momento. Por tanto, la afirmación es cierta.

    ☐ ....

29. *¿Cuánto valdría la ordenada en el origen de la tendencia en un modelo de descomposición clásica equivalente al obtenido?*

    136,69 ☐   139,22 ☐   145,39 ■   157,19 ☐   163,45 ☐   .... ☐

    Estamos frente a un modelo aditivo puro, por tanto, sabemos que

    $$a_0 = \alpha_0 + \frac{1}{p}\sum_{s=2}^{p}\beta_s$$

    En este caso,

    $$\alpha_0 = 149,25 + \frac{1}{4}(-15,26 - 1,92 + 1,72) = 145,39$$

La figura muestra las 64 observaciones de una serie y su correspondiente correlograma. Los últimos datos observados son $Y_{62} = 341,9$; $Y_{63} = 327,2$ y $Y_{64} = 313,1$. Además, sabemos que, con $\lambda = 0,4$, $S_{63} = 323,628$ y $S_{63}^{(2)} = 312,819$.

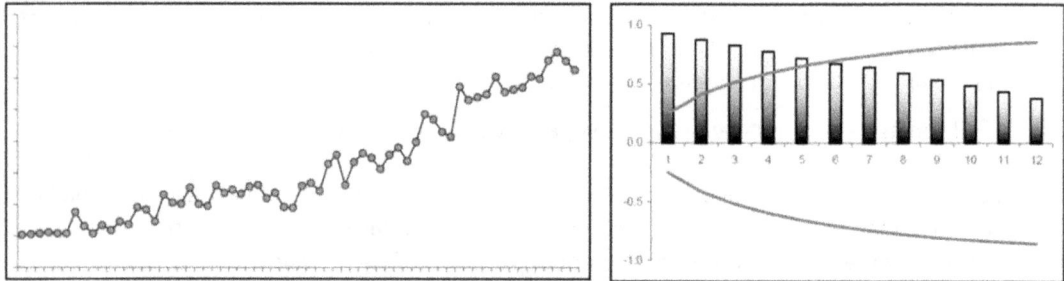

30. *¿Cuánto vale la última previsión admisible?*

164,5 ☐   178,1 ☐   223,3 ☐   226,6 ☐   336,6 ■   .... ☐

Observando el correlograma, podemos ver que es admisible hacer 5 previsiones para esta serie. Por tanto, al tener 64 datos, la última previsión admisible es $\hat{Y}_{69}$.

En el gráfico de la serie se observa la existencia de tendencia y la ausencia de estacionalidad. De este modo, si deseamos utilizar un método basado en el suavizado exponencial tendrá que ser el método de Brown.

Calculemos las series suavizadas para t = 64.

- $S_{64} = 0,4Y_{64} + 0,6S_{63} = 319,4168$

- $S_{64}^{(2)} = 0,4S_{64} + 0,6\ S_{63}^{(2)} = 315,45812$

Ahora, $\hat{Y}_{64+5} = \hat{a}_{64} + \hat{b}_{64} \cdot 5$. Por una parte, $\hat{a}_{64} = 2 \cdot 319,4168 - 315,45812 = 323,37548$ y por otra $\hat{b}_{64} = \dfrac{0,4}{0,6}(319,4168 - 315,45812) = 2,63912$. Por lo tanto, $\hat{Y}_{64+5} = 336,57108$

31. *Si se utilizase un suavizado exponencial simple con $\lambda = 0,4$, ¿cuál sería el valor del error de previsión para t = 64?*

-12,23 ☐   -10,53 ■   3,73 ☐   3,95 ☐   7,76 ☐   .... ☐

Utilizando suavizado exponencial simple, nuestro valor modelizado para t = 64 sería $\hat{Y}_{64} = S_{63} = 323,628$ y, por tanto, el error de previsión sería $Y_{64} - S_{63} = 313,2 - 323,628 = -10,528$

32. *Los extremos de los intervalos de no significación del segundo y del tercer coeficientes de autocorrelación son, respectivamente, ± 0,413 y ±0,516. ¿Cuánto vale r_2?*

   0,618 ☐   0,814 ☐   0,829 ☐   0,875 ■   0,885 ☐   .... ☐

Del enunciado se extrae que $2S(r_2) = 0,413$ y $2S(r_3) = 0,516$, por tanto, dividiendo ambas cantidades por dos y elevándolas al cuadrado tendremos las variancias de r_2 y de r_3.

- $\hat{V}(r_2) = 0,04264225 = \dfrac{1}{64}\left(1 + 2r_1^2\right)$

- $\hat{V}(r_3) = 0,066564 = \dfrac{1}{64}\left(1 + 2\left(r_1^2 + r_2^2\right)\right) = \hat{V}(r_2) + \dfrac{2}{64}r_2^2$

De estas expresiones, tenemos que $r_2^2=0,765496$. Ahora, a partir de la figura, sabemos que r_2 es positivo, de forma que tomamos la raíz cuadrada positiva de este valor y resulta $r = 0,875$

El comportamiento medio de una serie con estacionalidad de período 5 se ha modelizado mediante una recta de pendiente 1,34. Con el modelo clásico se ha obtenido $\hat{Y}_7 = 23,4$ e $\hat{Y}_{22} = 88,62$.

33. *¿Qué tipo de conjunción entre la tendencia y la estacionalidad presenta este modelo?*

   aditiva ☐   multiplicativa ■   mixta ☐   no se sabe ☐   .... ☐

Si el modelo con el que estamos trabajando es un modelo de descomposición clásica, ha de ser forzosamente aditivo o multiplicativo puro. Por lo tanto, como la tendencia se ha modelizado mediante una recta, lo que necesitamos saber es si las rectas correspondientes a las distintas estaciones son 5 rectas paralelas (todas con la misma pendiente 1,34) o bien si son un haz de 5 rectas.

Los valores modelizados de que disponemos, para t = 7 y t = 22, corresponden ambos a la segunda estación (s = 2). Por lo tanto, necesitamos saber si la recta que pasa por los puntos (7; 24,3) y (22; 88,62) tiene pendiente 1,34 o no. La pendiente de esta recta es: $(88,62 − 24,3) / (22 − 7) = 4,29$, que es muy superior a 1,34 como puede observarse en la figura. Consecuentemente, ya que la pendiente de la segunda estación es distinta de la pendiente de la tendencia, es imposible que se trate de un modelo aditivo. Es decir, el modelo utilizado es necesariamente multiplicativo.

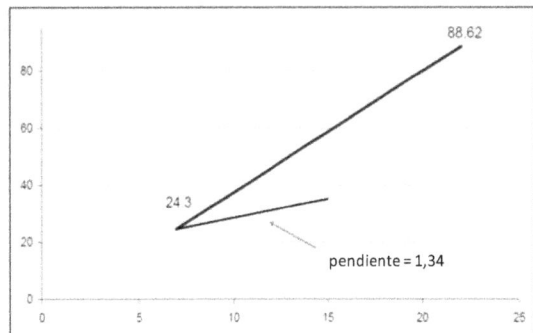

El encargado de un restaurante necesita prever el número de menús diarios que tendrá que servir para comprar los ingredientes previamente. El siguiente gráfico muestra el número de menús diarios vendidos hasta la actualidad.

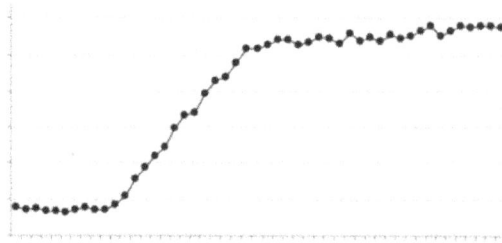

34. ¿Qué método escogerías para hacer previsiones?

suavizado exponencial simple, λ grande ☐   Brown, λ grande ■

suavizado exponencial simple, λ pequeña ☐   Brown, λ pequeña ☐

.... ☐

Los datos observados hasta ahora muestran una tendencia lineal con una pendiente que va cambiando a lo largo del tiempo, por tanto, el método de suavizado exponencial más adecuado a la situación actual es el método de Brown. Por otra parte, los cambios de tendencia que se observan son muy bruscos, y las oscilaciones debidas al factor aleatorio son muy suaves, así que lo más conveniente es utilizar un factor de ponderación grande, que nos permita detectar rápidamente los cambios de tendencia.

Para estudiar los ritmos de producción de una fábrica instalada recientemente con una elevada proporción de personal en formación, y después de comprobar que no existen diferencias relevantes en la producción de los distintos días de la semana, se han anotado las producciones de cada uno de los tres turnos (noche, mañana, tarde) de la fábrica, durante 20 días laborables (empezando por el turno de noche). La descomposición clásica ha dado lugar a los dos modelos de tendencia $T1_t = 432,7 + 0,06t$ y $T2_t = 432,4 + 0,127t - 0,003t^2$ con residuos representados en la figura y ha permitido afirmar que en el turno de tarde la producción está 4,3 unidades por debajo de la media, y en el de noche, 3,6 unidades por encima de la media.

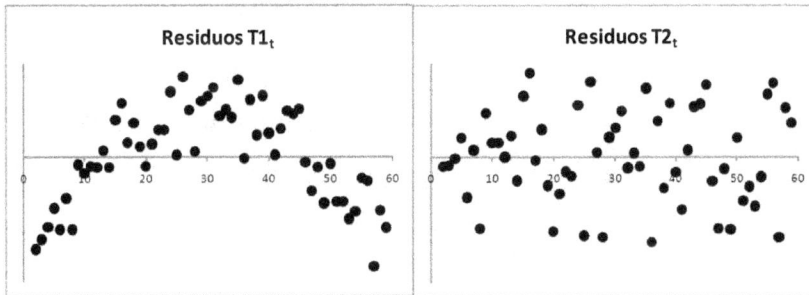

35. *Si la producción observada para t = 54 es 432,6, ¿cuánto vale R_{54}?*

5,89 ☐   6,39 ■   -518,470 ☐   2283,79 ☐   .... ☐

Para encontrar este residuo, es necesario evaluar el modelo para t = 54. Para ello, se precisa, por una parte, saber si el modelo es aditivo o multiplicativo (no puede ser mixto por tratarse de un modelo de descomposición clásica) y, por otra, escoger entre los dos modelos obtenidos para la tendencia.

Dado que no hay diferencias de producción en función del día de la semana, en caso de haber estacionalidad ésta será debida exclusivamente a los turnos de producción. Por tanto, tenemos estacionalidad de período 3 asociada a estos turnos (s = 1: noche; s = 2: mañana y s = 3: tarde). El enunciado nos dice que se han detectado diferencias de valor constante entre algunas de estas estaciones y la media; por lo tanto, se trata de un modelo aditivo.

Fijémonos ahora en los gráficos de residuos asociados a los dos modelos de tendencia. El primero de ellos tiene una clara estructura parabólica. Por tanto, el modelo que ha dado lugar a estos residuos es inadmisible. En cambio, en el segundo gráfico de residuos no se aprecia ninguna estructura clara, y están bien centrados. Por todo ello, debemos escoger el modelo $T2_t$ para la tendencia.

Dado que el período es 3, la estación correspondiente a t = 54 es s = 3 ($54 = 18 \cdot 3$). Por tanto, $\hat{Y}_{54} = T2_{54} + E_3$. Al decirnos que en el turno de tarde la producción es 4,3 unidades inferior a la media, tenemos que $E_3 = -4,3$. Así, el residuo es

$$R_{54} = Y_{54} - \hat{Y}_{54} = 432,6 - 426,21 = 6,39.$$

36. *Al elaborar el correlograma de la serie anterior se ha obtenido $r_{12} = 0,743$; $r_{13} = -0,366$; $r_{14} = -0,221$; $r_{15} = 0,663$ y $S_{(r15)} = 0,755$. ¿Cuánto vale el extremo superior del intervalo de no significación del último coeficiente de autocorrelación significativo?.*

0,687 ■   0,690 ☐   0,696 ☐   0,698 ☐   .... ☐

A partir de los datos vemos que r_{15} no es significativo pues $|r_{15}| < |2\,S(r_{15})|$.

Como que $0,755 = 2\sqrt{\hat{V}(r_{15})}$, $\hat{V}(r_{15}) = 0,14250625$. A partir de aquí podemos encontrar $\hat{V}(r_{14})$, ya que $\hat{V}(r_{15}) = \hat{V}(r_{14}) + \dfrac{2}{N}r_{14}^2$.

Si recordamos que se han recogido los datos durante los 3 turnos de 20 días laborables, tenemos que N = 20·3 = 60. Así, $\hat{V}(r_{14}) = 0,14250625 - \dfrac{2}{60}(-0,221)^2 = 0,140878217$ y $2S(r_{14}) = 0,75067494$. Ya que el intervalo de no significación contiene a r_{14}, éste tampoco es significativo.

Veamos qué ocurre con k = 13: $\hat{V}(r_{13}) = \hat{V}(r_{14}) - \dfrac{2}{60}(-0,336)^2 = 0,13641302$, que es muy superior a $|r_{13}|$ de manera que r_{13} tampoco es significativo.

En el caso de k = 12,

$$\hat{V}(r_{12}) = \hat{V}(r_{13}) - \dfrac{2}{60}(0,743)^2 = 0,118011 \ \text{ y } \ 2S(r_2) = 2\sqrt{0,11801138} = 0,687056$$

que es inferior al valor absoluto de r_{12}. Así pues, r_{12} sí que es significativo y el extremo superior de su intervalo de no significación es 0,6870557.

Al modelizar la serie del bloque anterior utilizando variables categóricas se ha obtenido el modelo
$\hat{Y}_t = 434,67 + 0,17t - 0,002t^2 - 6,64Q_3 - 0,09Q_2t - 0,04Q_3t$

37. *¿Cuál de los dos modelos es más adecuado para hacer previsiones?*

clásico ☐   categóricas ■   da lo mismo ☐   ninguno ☐   .... ☐

La modelización con variables categóricas es más flexible que la clásica. En el caso del modelo clásico, hemos considerado un modelo aditivo puro. Si la serie tuviese un comportamiento de este tipo, el modelo en variables categóricas también habría salido aditivo puro (sin términos $\gamma_s Q_s t$) y, en cambio, ha resultado un modelo mixto, que la descomposición clásica es incapaz de reproducir. Por tanto, en este caso, es más adecuado utilizar el modelo en variables categóricas.

38. ¿En cuál de los tres turnos hay más producción en el séptimo día?

mañana ☐   tarde ☐   noche ■   empate ☐   .... ☐

Recordemos que los turnos están recogidos a través de la estacionalidad como s = 1 → noche; s = 2 → mañana y s = 3 → tarde. Los tres turnos del séptimo día corresponden a los instantes t = 19, t = 20 y t = 21.

- $\hat{Y}_{19} = 434,67 + 0,17(19) - 0,002(19)^2 - 6,64\cdot0 - 0,09\cdot0\cdot(19) - 0,04\cdot0\cdot(19) = 437,178$

- $\hat{Y}_{20} = 434,67 + 0,17(20) - 0,002(20)^2 - 6,64\cdot0 - 0,09\cdot1\cdot(20) - 0,04\cdot0\cdot(20) = 435,47$

- $\hat{Y}_{21} = 434,67 + 0,17(21) - 0,002(21)^2 - 6,64\cdot1 - 0,09\cdot0\cdot(21) - 0,04\cdot1\cdot(21) = 429,878$

Por tanto, el turno con mayor producción es el primero, que es el turno de noche.

De hecho, no era necesario hacer todos estos cálculos para llegar a esta conclusión. Si nos fijamos en el modelo, vemos que la primera estación y la segunda tienen la misma ordenada en el origen mientras que la de la tercera es inferior (debido al término −6,64Q_3). Por otra parte, las pendientes de las segundas y terceras estaciones son inferiores a la de la primera (a causa de los términos −0,09Q_2t y −0,04Q_3t), por tanto la trayectoria de la primera estación siempre va por encima de las de las otras dos. Sólo es necesario asegurarse que el crecimiento propio de la serie no compensa estas diferencias. En la primera figura vemos representado el modelo con variables categóricas del problema; en la segunda vemos el riesgo que corremos si miramos sólo el comportamiento de las distintas estaciones sin tener en cuenta que cada turno corresponde a un instante t distinto.

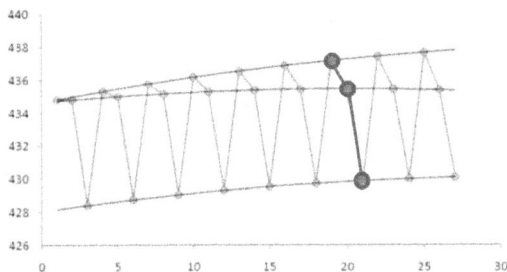

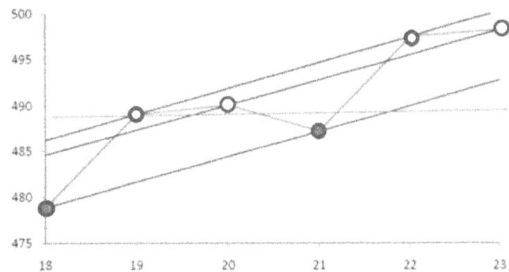

Un comerciante está estudiando los beneficios trimestrales que ha obtenido desde que abrió cuatro locales hace 15 años (60 trimestres). Los primeros valores de la serie de beneficios totales son 525,99; 579,20; 522,32; 610,86; 579,56; 607,38; 565,65; 645,77; 615,95; 651,11; 568,40; 685,94; 625,38; . . . Para esta serie, conocemos los coeficientes de autocorrelación $r_4 = 0,817$; $r_5 = 0,450$ y $r_6 = 0,563$.

No satisfecho con los resultados obtenidos, también ha modelizado, por separado, los beneficios trimestrales en cada uno de los cuatro locales y ha obtenido los modelos de la figura. Para uno de los locales ha obtenido el modelo $\hat{Y}_t = 133 + 2,4t + 8Q_2 - 13Q_3 + 75Q_4 + 2Q_2t + 0,1Q_3t - 0,1Q_4t$. En este local, los beneficios del último trimestre del quinto año de recogida de datos fueron 261,0.

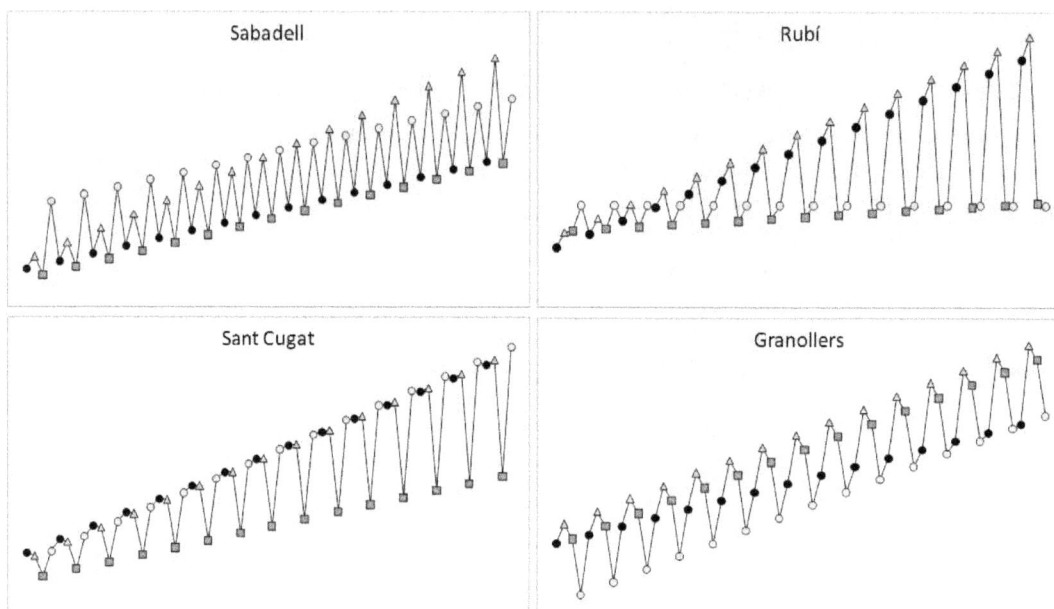

39. ¿A qué local corresponde el modelo $\hat{Y}_t$?

Sabadell ■   Rubí ☐   Sant Cugat ☐   Granollers ☐   ………… ☐

Vamos a fijarnos en las características más relevantes de los cuatro gráficos y sus implicaciones sobre cada uno de los modelos:

Sabadell: La trayectoria del cuarto trimestre (círculos claros ○) empieza mucho más arriba que las demás; por tanto, β_4 ha de ser considerablemente alta. La trayectoria del segundo trimestre (triángulos △) tiene una pendiente más pronunciada que las demás; por tanto γ_2 ha de ser positivo y mayor que los demás.

Rubí: La trayectoria del cuarto trimestre (círculos claros ○) empieza un poco por encima de las demás; por tanto, β_4 ha de ser positivo. Las trayectorias de los trimestres 3 y 4 (cuadrados ■ y círculos claros ○) tienen una pendiente inferior a la de los trimestres 1 y 2. Por tanto, γ_3 y γ_4 han de ser negativos y γ_2 ha de ser más cercano a cero que éstos.

Sant Cugat: Todas las trayectorias son muy similares, excepto la del tercer trimestre (cuadrados ■), que empieza un poco por debajo de las demás y tiene una pendiente mucho más suave. Por tanto, tanto β_3 como γ_3 deben ser negativos, y más relevantes que el resto de coeficientes β y γ.

Granollers: La trayectoria del cuarto trimestre (círculos claros ○) empieza muy por debajo de las demás; por tanto, β_4 ha de ser muy negativo. Las pendientes de todas las trayectorias son similares, excepto la del primer trimestre, que es inferior al resto. Por tanto, todos los coeficientes γ_s han de ser positivos y de valor similar.

El modelo del enunciado sólo recoge las características que se han observado en uno de los gráficos; el que corresponde a Sabadell.

40. ¿Cuál es el residuo del modelo $\hat{Y}_t$ para el último trimestre del quinto año?

-9,6 ☐   -3,7 ☐   1,7 ☐   7 ■   .... ☐

Para encontrar este residuo es necesario evaluar el modelo en este tiempo. Cada año tiene cuatro trimestres, el último trimestre del quinto año corresponde a t = 20 y, evidentemente, es un punto de la cuarta estación:

$$\hat{Y}_{20} = 133 + 2,4(20) + 8(0) - 13(0) + 75(1) + 2(0)(20) + 0,1(0)(20) - 0,1(1)(20) = 254$$

Por lo tanto, el residuo que se nos pide es $R_{20} = Y_{20} - \hat{Y}_{20} = 261,0 - 254 = 7$

41. ¿Cuál es la segunda media móvil que se puede calcular para la serie de beneficios totales?

570,69 ☐   -572,52 ☐   574,19 ☐   576,51 ■   .... ☐

Al ser p par, necesitamos p + 1 = 4 + 1 = 5 valores para calcular una media móvil. El segundo grupo de cinco valores consecutivos que tenemos es Y_2, ..., Y_6 y el centro de estos instantes de tiempo es t = 4. Por tanto la segunda media móvil que se puede calcular es

$$\bar{Y}_4 = \frac{1}{2}\left(\frac{579,20+522,32+610,86+579,56}{4} + \frac{522,32+610,86+579,56+607,38}{4}\right) = 576,5075$$

42. *Para la serie beneficios totales, ¿cuál es el máximo valor que puede tomar* $\hat{V}(r_4)$ *para que* r_6 *sea significativo?*

$$0{,}045 \ \square \qquad 0{,}047 \ \square \qquad 0{,}050 \ \blacksquare \qquad 0{,}052 \ \square \qquad .... \ \square$$

Para que r_6, que es positivo, sea significativo, es necesario que sea mayor que el extremo superior de su intervalo de no significación. Por tanto, para contestar a esta pregunta nos irá bien expresar este extremo superior en función de $a = \hat{V}(r_4)$.

k	r_k	$\hat{V}(r_k)$	$2S(r_k)$
4	0,817	a	
5	0,450	$a + \dfrac{2}{60}\,0{,}817^2$	
6	0,563	$a + \dfrac{2}{60}\left(0{,}817^2 + 0{,}450^2\right)$	$2\sqrt{a + \dfrac{2}{60}\left(0{,}817^2 + 0{,}450^2\right)}$

Por tanto, si a es la variancia de r_4, para que r_6 sea significativo es necesario que

$$2\sqrt{a + \frac{2}{60}\left(0{,}817^2 + 0{,}450^2\right)} \le 0{,}563$$

Despejando a en esta expresión, obtenemos que a ≤ 0,050.

43. *Finalmente, ha construido una última serie con los beneficios totales anuales (15 valores). Utilizando el método basado en suavizado exponencial más adecuado para esta serie, y con factor de ponderación λ = 0,5, calcula el beneficio total modelizado para el tercer año.*

$$2370{,}93 \ \square \qquad 2377{,}16 \ \square \qquad 2385{,}36 \ \square \qquad 2398{,}36 \ \blacksquare \qquad .... \ \square$$

Al tener los beneficios una clara tendencia creciente utilizaremos el método de Brown. Los valores de esta serie se obtienen sumando para cada año los beneficios de los cuatro trimestres de aquel año. Además, calculamos la serie suavizada y la serie suavizada dos veces para t = 1 y t = 2, utilizando $S_t = 0{,}5Y_t + 0{,}5S_{t-1}$ y $S_t^{(2)} = 0{,}5S_t + 0{,}5S_{t-1}^{(2)}$

t	Y_t	S_t	$S_t^{(2)}$
1	525,99 + 579,20 + 522,32 + 610,86 = 2238,37	2238,7	2238,7
2	579,56 + 607,38 + 565,65 + 645,77 = 2398,36	2318,365	2278,3675
3	. . .	. . .	. . .

Ahora vamos a calcular los parámetros de la recta estimada para t = 2:

$$\hat{a}_2 = 2S_2 - S_2^{(2)} = 2358{,}3625 \qquad\qquad \hat{b}_2 = \frac{0{,}5}{1-0{,}5}\left(S_2 - S_2^{(2)}\right) = 39{,}9975$$

Utilizando estos valores de los parámetros, obtenemos

$$\hat{Y}_3 = 2358{,}3625 + 39{,}9975 \cdot 1 = 2398{,}36$$

Para describir la serie de la figura se han propuesto los siguientes modelos

M1: $\hat{Y}_t = 14{,}7 + 1{,}2t - 8{,}5Q_2 + 1{,}3Q_3 + 0{,}5Q_3t$

M2: $\hat{Y}_t = 11{,}7 + 1{,}4t - 8{,}5Q_2 + 14{,}2Q_3 - 0{,}4Q_3t$

M3: $\hat{Y}_t = 48{,}1 - 42Q_2 - 32{,}2Q_3 - 33{,}5Q_4 + 1{,}2Q_2t + 1{,}7Q_3t + 1{,}2Q_4t$

M4: $\hat{Y}_t = 12{,}8 + 1{,}3t - 0{,}2Q_2t + 0{,}5Q_3t - 0{,}1Q_4t$

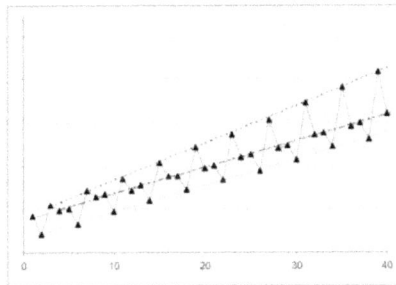

44. ¿Cuál de los modelos crees que explicaría mejor la serie?

M1 ■   M2 □   M3 □   M4 □   .... □

En la figura observamos que para la tercera estación, el crecimiento es más rápido que para el resto (la pendiente es mayor). Para poder modelizar este fenómeno, el modelo debe incluir un término $\gamma_3 Q_3 t$ con γ_3 positivo. Por tanto el modelo M2 no es válido.

En todas las estaciones la serie tiene una tendencia creciente. En particular, para la primera estación, que es la que modelizan los términos del modelo donde no intervienen las variables categóricas, la pendiente debe ser positiva. Así pues, el modelo M3 tampoco es válido. Las rectas correspondientes a las estaciones 1, 2 y 4 son prácticamente paralelas y con distintas ordenadas en el origen; por tanto, es necesario que el modelo incluya términos $\beta_s Q_s$ hecho que no sucede en el modelo M4 y lo hace inválido.

Por tanto el único modelo que puede permitir explicar el comportamiento de la serie de la figura es M1.

45. *¿Cuál de los gráficos de residuos siguientes puede corresponder al modelo M3?*

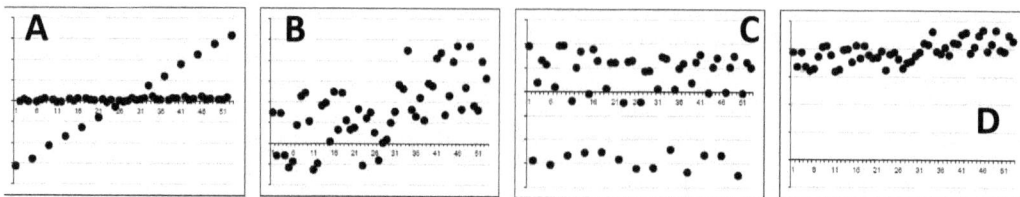

A ■   B ☐   C ☐   D ☐

El modelo M3 no incluye ningún término que permita explicar el crecimiento de la serie en los instantes correspondientes a la primera estación (s = 1). Por tanto, para estos instantes, la tendencia que observamos en la serie quedará incluida en los residuos. El único gráfico de residuos donde se observa este comportamiento es el A.

46. *En un modelo de descomposición clásica equivalente a M2, ¿Cuál sería el valor del índice estacional E_1?*

-1,8 ☐   -1,3 ■   0 ☐   1,4 ☐   ………… ☐

El modelo M2 es un modelo aditivo puro, por lo cual podemos construir un modelo de descomposición clásica equivalente. Sabemos que para estos casos:

$$E_1 = -\frac{\beta_2 + ... + \beta_p}{p} = -\frac{-8,5 + 14,2 - 0,4}{4} = -1,3$$

47. *Si el modelo escogido fuese M1, ¿cuál sería la previsión para el instante t = 77?*

98,6 ☐   107,1 ■   138,4 ☐   146,9 ☐   ………… ☐

Al tener período 4, al instante t = 77 le corresponde la estación s = 1 (77 = 4·19+1). Por lo tanto, las variables categóricas Q_2 y Q_3, en este instante, valen cero. Así

$$\hat{Y}_{77} = 14,7 + 1,2(77) - 8,5(0) + 1,3(0) + 0,5(0)(77) = 107,1$$

48. *Se han observado los valores de la serie $Y_t = 76,3$; $Y_{t+1} = 58,6$; $Y_{t+2} = 60,2$; $Y_{t+3} = 52,4$; $Y_{t+4} = 83,8$; $Y_{t+5} = 64,1$. Calcula la segunda media móvil que se puede obtener a partir de estos valores.*

$\overline{Y}_{t+2} = 66,26$ ☐ $\overline{Y}_{t+1} = 63,75$ ☐ $\overline{Y}_{t+3} = 64,44$ ■ $\overline{Y}_{t+2} = 57,10$ ☐   .... ☐

La segunda media móvil que se puede calcular es la que utiliza los valores desde Y_{t+1} hasta Y_{t+5}, es decir:

$$\overline{Y}_{t+3} = \frac{1}{2}\left(\frac{58,6+60,2+52,4+83,8}{4} + \frac{60,2+52,4+83,8+64,1}{4} \right) = 64,44$$

Se dispone de un modelo multiplicativo, según la descomposición clásica, de una serie de datos de período 6 de la que se conocen 124 valores. La tendencia es $T_t = 17,3 + 1,9t$. Se han calculado los índices estacionales $E_1 = 0,89$ y $E_3 = 1,12$ y se sabe que todas las estaciones, que no sean ni la primera ni la tercera, tienen el mismo comportamiento. En el cálculo del correlograma ha resultado $r_1 = 0,95$; $\gamma_1 = 4494,96$; $r_{11} = 0,71$; $\gamma_{12} = 3374,12$ y $r_k < 0,7$, para todo $k \geq 13$. Además, $\hat{V}(r_{11}) = 0,12$

49. *¿Cuál es la última previsión admisible?*

$\hat{Y}_{10}$ ☐ $\hat{Y}_{134}$ ☐ $\hat{Y}_{135}$ ■   256,0 ☐   no se puede saber ☐   .... ☐

Para saber cuál es la última previsión admisible necesitamos saber cuál es el último coeficiente de autocorrelación significativo:

K = 11 El extremo superior del intervalo de no significación para $k = 11$ es

$$2\sqrt{\hat{V}(r_{11})} = 0,6928 < r_{11}.$$ Por tanto, r_{11} es significativo.

K = 12 Para encontrar r_{12} a partir de γ_{12} necesitamos conocer γ_0. Este valor lo podemos encontrar utilizando r_1 y γ_1, ya que $r_1 = \gamma_1/\gamma_0$. Así, obtenemos $\gamma_0 = 4731,536842$. Ahora, $r_{12} = \gamma_{12}/\gamma_0 = 0,713$. Por otra parte, a partir de $\hat{V}(r_{11})$ podemos encontrar

$$\hat{V}(r_{12}) = \hat{V}(r_{11}) + \frac{2}{124}r_{11}^2 = 0,128.$$ De aquí, $2S_{11} = 0,716 > 0,713$ que conduce a afirmar que r_{12} **no** es significativo.

K = 13 El enunciado nos dice que $r_k < 0,7$ para $k \geq 13$. Por otra parte, sabemos que el intervalo de no significación se va ampliando conforme aumenta k y, por tanto, para $k \geq 13$, $2S_k \geq 0,716$. Así pues, para $k \geq 13$ **ningún** coeficiente de autocorrelación es significativo.

En resumen, el número máximo de previsiones que es admisible hacer es 11 y, al disponer de 124 datos, esto nos permite hacer previsiones hasta $\hat{Y}_{135}$.

50. *Calcula* $\hat{Y}_{125}$.

224,86 □   254,16 ■   285,38 □   989,26 □   .... □

Al ser el período de la serie de longitud 6, la estación correspondiente a t = 125 es s = 5 (125 = 6·20+5). Por lo tanto, para poder hacer la previsión es necesario conocer E_5. Conocemos E_1 y E_3, y sabemos que $E_2 = E_4 = E_5 = E_6 = E$. Al ser el modelo multiplicativo, la suma de todos los índices estacionales es p, así pues, $E_1 + E_5 + 4E = 6$, y $E_5 = E = 0,9975$. De aquí que $\hat{Y}_{125} = (17,3 + 1,9 \cdot 125) \cdot 0,9975 = 254,163$.

51. *Si, en la elaboración del modelo se ha obtenido* $\bar{E} = 1,01$, *¿cuál ha sido el valor de* E_3^* *?*

0,11 □   1,11 □   1,13 ■   2,13 □   .... □

Sabemos que, tratándose de un modelo multiplicativo, $E_3 = E_3^*/\bar{E}$. Por lo tanto $E_3^* = E_3 \cdot \bar{E} = 1,13$

El gráfico siguiente muestra el número medio mensual de presos en España desde 01/1990 hasta 11/1994.

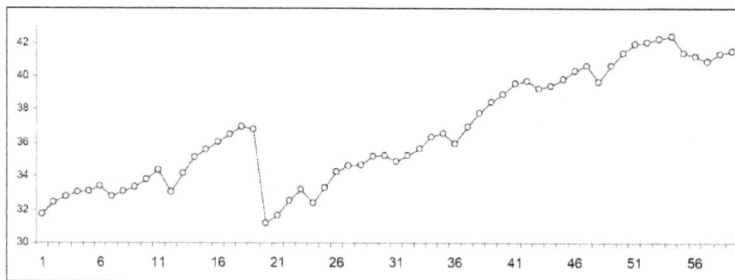

52. *¿Cuál de los métodos descritos en este libro crees que es más adecuado para hacer previsiones?*

Descomposición clásica □   Modelo con variables categóricas □

Suavizado exponencial simple □   Brown ■

.... □

La serie no presenta estacionalidad, por lo tanto no tiene sentido utilizar ni la descomposición clásica, ni el método de variables categóricas. Por otra parte, es cierto que se observa una cierta tendencia creciente, de forma que el uso del suavizado exponencial simple tampoco es adecuado. El método de Brown es el más adecuado para esta serie, ya que permite capturar su tendencia cambiante y, al no haber estacionalidad, estamos en condiciones de utilizarlo.

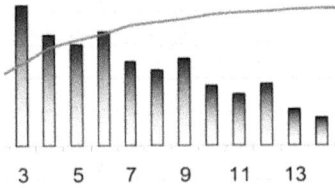

El gráfico muestra parte del correlograma correspondiente a la serie de consumos cuatrimestrales de agua de un usuario, modelizada como $\hat{Y}_t = 15{,}47 + 0{,}18t + 2Q_2 - 2Q_3 + 0{,}05Q_3t$. Durante su elaboración se ha obtenido $r_4 = 0{,}656$; $r_5 = 0{,}602$; $r_6 = 0{,}675$, y la variancia de r_4, que es $0{,}07$. A partir de este correlograma, se ha determinado que la última previsión que se puede hacer vale 32,10.

53. ¿Cuál es la amplitud del intervalo de no significación para r_4?

   0,13 ☐   1,14 ☐   0,53 ☐   1,06 ■   .... ☐

El intervalo de no significación de r_k se define como $[-2S(r_k); 2S(r_k)]$, por lo tanto, su amplitud es igual a $4S(r_k)$. Para $k = 4$, tenemos $4S(r_4) = 4\sqrt{\hat{V}(r_4)} = 4\sqrt{0{,}07} = 1{,}06$

54. ¿De cuántas observaciones de la serie se dispone?

   56 ☐   75 ■   81 ☐   99 ☐   .... ☐

Del autocorrelograma se deduce que, a partir de los datos disponibles, es admisible hacer 6 previsiones. Por lo tanto, si podemos identificar a qué instante corresponde la previsión con valor 32,10 podremos deducir de cuántas observaciones disponemos.

Dado que los datos son cuatrimestrales, podemos suponer que el período de la serie es 3, hecho que se nos confirma en el correlograma. Por lo tanto, hay que averiguar a cuál de los 3 cuatrimestres corresponde el valor previsto 32,10:

Si $s = 1$: $\hat{Y}_t = 15{,}47 + 0{,}18\,t = 32{,}10 \Rightarrow t = 92{,}39$ que no es entero

Si $s = 2$: $\hat{Y}_t = 15{,}47 + 0{,}18\,t + 2 = 32{,}10 \Rightarrow t = 81{,}28$ que tampoco es entero

Si $s = 3$: $\hat{Y}_t = 15{,}47 + 0{,}18\,t - 2 + 0{,}05\,t = 32{,}10 \Rightarrow t = 81$ que es entero y corresponde a una tercera estación.

Por lo tanto, el último instante para el cual es admisible hacer una previsión es $t = 81$. Como que éste debe ser 6 unidades de tiempo posterior al último dato recogido, tenemos que se han recogido $T = 75$ observaciones.

55. *Según el modelo, inicialmente el consumo de agua del tercer cuatrimestre es inferior al del segundo, pero a partir de un cierto momento el consumo del tercer cuatrimestre supera al del segundo. ¿En qué año tiene lugar este hecho por primera vez?*

$1\;\square$ $\quad$ $26\;\blacksquare$ $\quad$ $77\;\square$ $\quad$ $80\;\square$ $\quad$ .... $\square$

El índice temporal correspondiente al segundo cuatrimestre del año k es t = 3(k−1)+2, y el correspondiente al tercer cuatrimestre es t = 3k. Por lo tanto, necesitamos encontrar cuál es el primer valor de k que cumple $\hat{Y}_{3(k-1)+2} < \hat{Y}_{3k}$. Es decir:

$$15{,}47 + 0{,}18[3(k-1) + 2] + 2 < 15{,}47 + 0{,}18[3k] - 2 + 0{,}05[3k]$$

Despejando en esta expresión obtenemos k ≥ 26, como puede verse en el gráfico siguiente:

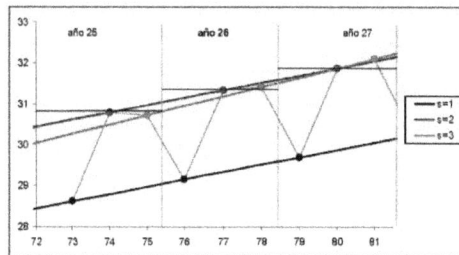

Se está buscando un modelo clásico multiplicativo a partir de 50 datos de una serie temporal. En su representación gráfica se ha observado una estacionalidad de período 4. Durante la modelización de la tendencia se han obtenido los resultados de la figura.

Estadísticas de la regresión	
Coeficiente de determinación R^2	0.987
Observaciones	46

ANÁLISIS DE VARIANZA	Valor crítico de F
	6.25E-43

	Coeficientes	Probabilidad
Intercepción	31.77	2.88E-50
Variable X 1	0.75	6.25E-43

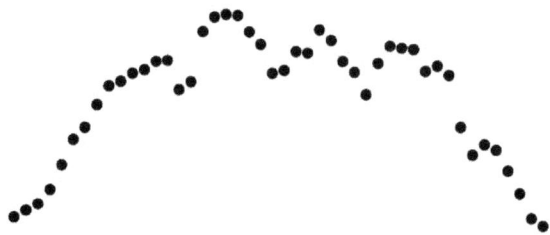

En la modelización de la estacionalidad se ha obtenido $E_1^* =1{,}2$, $E_2^* =0{,}7$; $E_3^* = 0{,}9$; $E_4^* = 1{,}3$.

56. *El cuarto residuo obtenido con el modelo de tendencia de la figura vale –1,756, el quinto –1,286, y el sexto, –0,807. ¿Cuánto vale la media móvil $\overline{Y}_6$?*

$33{,}01\;\square$ $\quad$ $33{,}67\;\square$ $\quad$ $34{,}51\;\blacksquare$ $\quad$ $34{,}98\;\square$ $\quad$ .... $\square$

Teniendo en cuenta el período de la serie, la primera media móvil que podemos calcular es la correspondiente a t = 3 y, por tanto, $\overline{Y}_6$ es la cuarta. De esta forma, el cuarto residuo de este modelo es -1,756 = $\overline{Y}_6 - T_6$, y $\overline{Y}_6$ = -1,756 + (31,77 + 0,75·6) = 34,51.

57. *¿Cuál es la previsión para t = 53?*

71,52 □   72,69 □   83,73 □   85,82 □   T$_t$ es inaceptable ■

La estructura de los residuos muestra claramente que el modelo ensayado para la tendencia es inaceptable, y que sería necesario recalcularlo incluyendo un término cuadrático. Por lo tanto, con la información del enunciado no podemos hacer ninguna previsión para t = 53

58. *¿Cuánto vale el índice estacional E$_2$?*

-0,325 □   0,126 □   0,683 ■   0,972 □   .... □

Para poder encontrar los índices estacionales definitivos a partir de los auxiliares E_s^*, es necesario calcular la media de estos últimos $\bar{E}=1,025$. Como se trata de un modelo multiplicativo, $E_2 = E_2^* / \bar{E} = 0,7/1,025 = 0,683$.

59. *Si se han obtenido los valores $W_9 = 1,18$; $W_{13} = 1,15$; $W_{17} = 1,18$; $W_{21} = 1,21$; $W_{25} = 1,21$; $W_{29} = 1,17$; $W_{33} = 1,22$; $W_{37} = 1,15$; $W_{41} = 1,20$ y $W_{45} = 1,23$, ¿cuánto vale W_5?*

1,18 □   1,30 ■   25,21 □   30,34 □   .... □

Al disponer de 50 datos, el valor auxiliar E_1^* es la media de los valores de W_t con s(t) = 1 para t entre 3 (W_1 y W_2 no están definidos) y 48 (W_{49} y W_{50} tampoco están definidos). Conocemos todos estos valores excepto W_5; por tanto, sólo es necesario deshacer la media:

$11 \cdot E_1^* = W_5 + W_9 + W_{13} + W_{17} + W_{21} + W_{25} + W_{29} + W_{33} + W_{37} + W_{41} + W_{45} \Rightarrow W_5 = 1,30$

La serie de los consumos diarios de energía de una empresa no muestra variaciones según los días de la semana, pero sí una cierta tendencia creciente con una pendiente que cambia con el tiempo. Para evitar penalizaciones sobre las variaciones de consumo respecto la potencia contratada, la empresa sólo contratará energía para los días para los cuales sea lícito hacer previsiones. Los primeros datos observados son 29,65; 30,94; 32,43 y 33,75.

60. *Los coeficientes de autocorrelación decrecen al aumentar el desplazamiento. Entre sus estimaciones se ha obtenido $r_3 = 0,82$; $r_4 = 0,76$ y $r_5 = 0,70$. Además, $\hat{V}(r_1) = 0,02$ y la desviación tipo de r_4 es 0,34. ¿Para cuántos días se comprará energía por adelantado?*

por lo menos 3 □   exactamente 4 ■   4 o más □   al menos 5 □   .... □

Si la desviación tipo de r_4 es $S(r_4) = 0,34$, el extremo superior del intervalo de no significación será $2 \cdot 0,34 = 0,68$. Por lo tanto, r_4 está fuera del intervalo de no significación, hecho que nos indica que es lícito hacer cuatro previsiones. Para saber si podemos hacer más, buscaremos el intervalo de no significación para r = 5.

Siendo $S(r_4) = 0,34$ tenemos que $\hat{V}(r_4) = 0,34^2 = 0,1156$ y $\hat{V}(r_5) = \hat{V}(r_4) + \frac{2}{T}(r_4^2)$. De entrada, no conocemos el número de datos T para utilizarlo en esta expresión, pero sí que sabemos que $\hat{V}(r_1) = 1/T$. Así, $\hat{V}(r_5) = 0,1156 + \frac{2}{1/0,002}(0,76^2) = 0,138704$, y $2S(r_5) = 0,745$.

Al ser $2S(r_5) > r_5$, el coeficiente de autocorrelación de orden 5 no es significativo. Además, nos dicen que dichos coeficientes decrecen al aumentar el desplazamiento, por lo tanto, para valores de k superiores a 5, r_k será inferior a 0,7 y, al ser las variancias no decrecientes, no puede haber ningún coeficiente de autocorrelación significativo con orden superior a 5. En consecuencia, es lícito hacer 4 previsiones, y no se puede hacer ninguna otra más.

61. *Utiliza el factor de ponderación λ = 0,2 para hacer la previsión para t = 3 utilizando el método más adecuado para esta serie.*

  29,91 ☐   30,17 ■   30,41 ☐   31,82 ☐   .... ☐

Aunque la serie no tenga estacionalidad, tiene tendencia y ésta va cambiando con el tiempo. El método más adecuado para modelizarla es el de Brown.

Con tal de hacer la previsión para t = 3 utilizaremos las series suavizadas en t = 2:

  ■ $S_1 = S_1^{(2)} = Y_1 = 29,652$

  ■ $S_2 = 0,2Y_2 + 0,8S_1 = 29,908$ $\qquad$ $S_2^{(2)} = 0,2S_2 + 0,8S_1^{(2)} = 29,7016$

Los parámetros de la recta estimada con los puntos hasta t = 2 serán

  $$\hat{a}_2 = 2S_2 - S_2^{(2)} = 30,1144 \qquad \hat{b}_2 = \frac{0,2}{1-0,2}\left(S_2 - S_2^{(2)}\right) = 0,0516$$

y la estimación para t = 3, es $\hat{Y}_3 = 30,1144 + 0,0516 \cdot 1 = 30,166$

62. *¿Cuánto vale el error cuadrático medio de un suavizado exponencial simple con λ = 0,1 para los datos disponibles?*

  4,54 ☐   7,48 ■   30,41 ☐   31,82 ☐   .... ☐

Calculemos la serie suavizada, las previsiones y los residuos en la tabla siguiente

t	Y_t	S_t	$\hat{Y}_t$	Error
1	29,65	29,65	–	–
2	30,94	29,779	29,65	1,29
3	32,43	30,0441	29,779	2,651
4	33,75	30,41469	30,0441	3,7059

El error cuadrático medio es igual al promedio de los cuadrados de los errores

$$EQM = \frac{1,29^2 + 2,651^2 + 3,7059^2}{3} = 7,48$$

Para la serie de accesos trimestrales a un sitio web se ha observado una tendencia creciente, con un crecimiento inicial de 2780 accesos por trimestre, que se frena a lo largo del tiempo. Esta evolución es idéntica en los cuatro trimestres del año. El número de accesos del primer trimestre supera la media en 798, en el segundo trimestre hay 529 accesos menos que la media y no hay diferencias entre los accesos del tercer y cuarto trimestre.

63. *En un modelo con variables categóricas que refleje el comportamiento del enunciado, ¿cuánto valdría el coeficiente de Q_3, β_3?*

   -932,5 ■   -269,0 □   -134,5 □   147,3 □   .... □

Ya que el modelo es aditivo, $\beta_3 = E_3 - E_1$. Debemos calcular E_3. Sabemos que los índices estacionales suman cero y, según el enunciado $E_3 = E_4$, por lo tanto $798 - 529 - E_3 - E_3 = 0$, que conduce a que $E_3 = -134,5$. Así, finalmente, $\beta_3 = -134,5 - 798 = -932,5$.

64. *El valor modelizado para t = 7 es 23691,5 y para t = 9 es 29288,0. ¿Cuánto vale la previsión para t = 15?*

   15744,7 □   32854,6 □   41003,5 ■   53854,3 □   .... □

Veamos primero qué nos dicen los valores modelizados del enunciado:

   ■ modelo de tendencia: $T_t = a_0 + 2780\,t + a_2\,t^2$

   ■ $s(7) = 3$, por lo tanto, $23691,5 = a_0 + 2780(7) + a_2(49) + E_3$

   ■ $s(9) = 1$, así, $29288 = a_0 + 2780(9) + a_2(81) + E_1$

Agrupando términos en las expresiones anteriores tenemos que $a_0 + 49a_2 = 4366$ y que $a_0 + 81a_2 = 3470$. De aquí deducimos que $a_2 = -28$ (que es negativo y encaja perfectamente con el enunciado) y que $a_0 = 5738$. Ahora, el valor modelizado para t = 15 será

$$\hat{Y}_{15} = T_{15} + E_3 = (5738 + 2780 \cdot 15 - 28 \cdot 15^2) - 134,5 = 41003,5$$

65. *En un modelo con variables categóricas que refleje el comportamiento del enunciado, ¿cuánto vale el coeficiente de Q_2t, γ_2?*

   0 ■   529 □   2251 □   2780 □   .... □

Ya que el enunciado nos indica que la evolución es idéntica en todas las estaciones del año, no hay diferencia entre el ritmo de crecimiento de los segundos trimestres y el de los primeros, que es lo que evalúa γ_2. Por tanto, $\gamma_2 = 0$.

www.ingramcontent.com/pod-product-compliance
Lightning Source LLC
Chambersburg PA
CBHW051412200326

41520CB00023B/7204